essentials

*essentials* liefern aktuelles Wissen in konzentrierter Form. Die Essenz dessen, worauf es als „State-of-the-Art" in der gegenwärtigen Fachdiskussion oder in der Praxis ankommt. *essentials* informieren schnell, unkompliziert und verständlich

- als Einführung in ein aktuelles Thema aus Ihrem Fachgebiet
- als Einstieg in ein für Sie noch unbekanntes Themenfeld
- als Einblick, um zum Thema mitreden zu können

Die Bücher in elektronischer und gedruckter Form bringen das Expertenwissen von Springer-Fachautoren kompakt zur Darstellung. Sie sind besonders für die Nutzung als eBook auf Tablet-PCs, eBook-Readern und Smartphones geeignet. *essentials:* Wissensbausteine aus den Wirtschafts-, Sozial- und Geisteswissenschaften, aus Technik und Naturwissenschaften sowie aus Medizin, Psychologie und Gesundheitsberufen. Von renommierten Autoren aller Springer-Verlagsmarken.

Weitere Bände in dieser Reihe http://www.springer.com/series/13088

Felix Zimmermann

# E-Vergabe – Praxishinweise und Marktüberblick

## Schnelleinstieg für öffentliche Auftraggeber und Bieter

Felix Zimmermann
Bitkom e. V.
Berlin, Deutschland

ISSN 2197-6708 ISSN 2197-6716 (electronic)
essentials
ISBN 978-3-658-15524-7 ISBN 978-3-658-15525-4 (eBook)
DOI 10.1007/978-3-658-15525-4

Die Deutsche Nationalbibliothek verzeichnet diese Publikation in der Deutschen Nationalbibliografie; detaillierte bibliografische Daten sind im Internet über http://dnb.d-nb.de abrufbar.

Springer Vieweg


Gedruckt auf säurefreiem und chlorfrei gebleichtem Papier

Springer Vieweg ist Teil von Springer Nature
Die eingetragene Gesellschaft ist Springer Fachmedien Wiesbaden GmbH
Die Anschrift der Gesellschaft ist: Abraham-Lincoln-Strasse 46, 65189 Wiesbaden, Germany

# Was Sie in diesem *essential* finden können

- Eine Zusammenfassung des rechtlichen Rahmens bei der E-Vergabe
- Hinweise für öffentliche Auftraggeber bei der Umsetzung der E-Vergabe
- Hinweise zur E-Vergabe für bietende Unternehmen
- Einen umfangreichen Marktüberblick von E-Vergabe-Lösungen

# Bearbeiterverzeichnis

- Dr. Andreas Bock, kbk Rechtsanwälte
- Dieter Jagodzinska, Vortal Connecting Business DE GmbH
- Carsten Klipstein, cosinex GmbH
- Annette König, kbk Rechtsanwälte
- Friedemann Kühn, bi medien GmbH
- Hans-Jürgen Niemeier, CONET Technologies AG
- Edda Peters, subreport Verlag Schawe GmbH
- Dr. Christian Schneider, Administration Intelligence AG
- Daniel Zielke, Healy Hudson GmbH
- Felix Zimmermann, Bitkom e. V.

# Inhaltsverzeichnis

# 1 Einleitung

Die Vergaberechtsreform 2016 ist die umfangreichste Modernisierung des öffentlichen Auftragswesens seit Bestehen des Vergaberechts. Ausgelöst wurde sie durch drei EU-Richtlinien, u. a. die in diesem Kontext maßgebliche Richtlinie 2014/24/EU.

Das neue Recht hat viele inhaltliche Neuerungen gebracht, die öffentlichen Auftraggebern das Leben leichter machen. Darunter fällt etwa:

- die geklärte Berücksichtigung sozialer Kriterien,
- die vereinfachte Wahl von Verfahrensarten,
- die verbesserten Möglichkeiten der Zusammenarbeit mit anderen öffentlichen Einkäufern,
- einfachere Inhouse-Regelungen sowie
- klare Vorgaben für vertragliche Leistungserweiterungen nach dem Zuschlag.

Ein großer Gewinn für öffentliche Auftraggeber und Unternehmen gleichermaßen sind die neuen Vorschriften zur elektronischen Vergabe (E-Vergabe). Über 15 Jahre lang wurden die Vorteile des elektronischen Vergabeverfahrens diskutiert, ohne dass ihm das zum Erfolg verhelfen konnte. Bis zuletzt war die E-Vergabe nur optional vorgesehen und musste unter Verwendung von elektronischen Signaturen durchgeführt werden. Eine durchweg mangelnde Akzeptanz war die Folge.

Mit der verpflichtenden elektronischen Kommunikation im Vergabeverfahren hat die Europäische Union der E-Vergabe nunmehr zum Durchbruch verholfen. In stufenweiser Realisierung vom 18. April 2016 bis spätestens 18. Oktober 2018 muss jedes Vergabeverfahren elektronisch durchgeführt werden, einschließlich der Abgabe von Angeboten.



F. Zimmermann, *E-Vergabe – Praxishinweise und Marktüberblick*,
essentials, DOI 10.1007/978-3-658-15525-4_1

Der Gesetzgeber flankiert die E-Vergabe mit einem nützlichen Set an praxisrelevanten Tools. Darunter befindet sich etwa:

- die Einheitliche Europäische Eigenerklärung (EEE) als standardisiertes elektronisches Dokument für die Eignungsanforderungen,
- die Möglichkeit, einen Elektronischen Katalog zu verwenden, um Leistungsverzeichnisse zu standardisieren,
- die Möglichkeit, ein Dynamisches Beschaffungssystem einzurichten,
- die Regelung von elektronischen Auktionen, auch nach Wertungskriterien außerhalb des Preises, sowie
- eCertis als europaweite Datenbank für Formulare über Eignungsanforderungen.

Die neue Pflicht zur E-Vergabe trifft auf Strukturen in der öffentlichen Verwaltung und den Unternehmen, die noch auf papierbasierte Ausschreibungen ausgelegt sind. Es ist daher für beide Seiten nunmehr an der Zeit, entsprechende Vorbereitungen für die E-Vergabe zu treffen und die eigenen Prozesse entsprechend zu digitalisieren.

Die Beiträge im vorliegenden Springer Essential sollen öffentlichen Auftraggebern und Bietern einen praxisnahen Einblick in die neu geregelte E-Vergabe geben:

- Im ersten Teil wird geklärt, welche neuen Pflichten zur E-Vergabe überhaupt bestehen, wie öffentliche Auftraggeber sich nunmehr verhalten sollten, was bietende Unternehmen berücksichtigen sollten und was der Standard XVergabe bedeutet.
- Der zweite Teil gibt einen Marktüberblick über die relevanten auf dem Markt verfügbaren Anbieter von E-Vergabe-Lösungen.

# 2 Die neue E-Vergabe in der Praxis

## 2.1 Rechtsrahmen der E-Vergabe und Pflichten der öffentlichen Auftraggeber

*Annette König, kbk Rechtsanwälte*

### 2.1.1 Pflicht zur E-Vergabe

Konnte die Vergabestelle und damit der öffentliche Auftraggeber bisher entscheiden, ob sie für ihre Kommunikation in den Vergabeverfahren elektronische Mittel zulassen will, ist die E-Vergabe über den § 97 Abs. 5 GWB und § 9 Abs. 1 VgV nunmehr verpflichtend.

#### 2.1.1.1 Europäische Vorgaben

Am 18. April 2014 sind drei europäische Richtlinien in Kraft getreten, die zum 18. April 2016 in deutsches Recht umgesetzt wurden:

1. die Richtlinie über die öffentliche Auftragsvergabe (2014/24/EU),
2. die Richtlinie über die Vergabe von Aufträgen in den Bereichen Wasser-, Energie- und Verkehrsversorgung sowie der Postdienste (2014/25/EU) und
3. die Richtlinie über die Vergabe von Konzessionen (2014/23/EU).

Ziel der Richtlinien ist u. a. die Neugestaltung der Vergabeverfahren, um insbesondere kleinen und mittleren Unternehmen die Teilnahme an öffentlichen Auftragsvergaben zu erleichtern. Aus diesem Grund sollen öffentliche Auftraggeber



F. Zimmermann, *E-Vergabe – Praxishinweise und Marktüberblick*,
essentials, DOI 10.1007/978-3-658-15525-4_2

sukzessive verpflichtet werden, ihre EU-weiten Auftragsvergaben elektronisch durchzuführen.

Artikel 22 der RL 2014/24/EU schreibt vor:

> (1) Die Mitgliedstaaten gewährleisten, dass die gesamte Kommunikation und der gesamte Informationsaustausch nach dieser Richtlinie, insbesondere die elektronische Einreichung von Angeboten, unter Anwendung elektronischer Kommunikationsmittel gemäß den Anforderungen dieses Artikels erfolgen (…).

Eine fast identische Regelung findet sich für den Sektorenbereich in Artikel 40 Abs. 1 S. 1 RL 2014/25/EU. Die Konzessionsrichtlinie (2014/23/EU) dagegen räumt in Art. 29 f. weiterhin eine Wahlfreiheit des öffentlichen Auftraggebers ein.

#### 2.1.1.2 Gesetz gegen Wettbewerbsbeschränkungen (GWB)

In Umsetzung der o. g. Richtlinien erfolgte eine Reform des deutschen Vergaberechts. Das neue GWB sieht in § 97 Abs. 5 vor:

> Für das Senden, Empfangen, Weiterleiten und Speichern von Daten in einem Vergabeverfahren verwenden Auftraggeber und Unternehmen grundsätzlich elektronische Mittel nach Maßgabe der aufgrund des § 113 erlassenen Verordnungen.

Damit geht das GWB über die o. g. Richtlinien hinaus und sieht auch eine elektronische Speicherung der Daten in einem Vergabeverfahren vor.

#### 2.1.1.3 Vergabeverordnung (VgV)

Auch die neue Verordnung über die Vergabe öffentlicher Aufträge (VgV) enthält in § 9 Abs. 1 VgV eine ähnliche Formulierung:

> Für das Senden, Empfangen, Weiterleiten und Speichern von Daten in einem Vergabeverfahren verwenden öffentliche Auftraggeber und Unternehmen grundsätzlich Geräte und Programme für die elektronische Datenübermittlung (elektronische Mittel).

### 2.1.2 Umfang und Ausnahmen

Die Pflicht zur E-Vergabe umfasst:

- die elektronische Erstellung der Vergabeunterlagen
- die elektronische Bereitstellung der Vergabeunterlagen sowie
- die elektronische Kommunikation mit den Bewerbern/Bietern
- darüber hinaus muss gemäß GWB und VgV auch das Speichern von Daten in einem Vergabeverfahren elektronisch erfolgen, d. h. sämtliche Verfahrensschritte sind elektronisch zu vollziehen.

Die für die elektronischen Vergabeunterlagen und die elektronische Kommunikation verwendeten Instrumente und Vorrichtungen („Vergabeplattform") müssen nicht diskriminierend und allgemein verfügbar sowie mit den allgemein verbreiteten Erzeugnissen der IKT kompatibel sein und dürfen den Zugang der Wirtschaftsteilnehmer zum Vergabeverfahren nicht einschränken (Ausnahme: § 22 Abs. 5 RL 2014/24/EU, wenn der Auftraggeber den Zugang zur Verfügung stellt). Denn Ziel ist die Vereinfachung bei gleichzeitiger Steigerung von Transparenz und Effizienz, siehe u. a. Erwägungsgrund Nr. 52 der RL 2014/24/EU.

Nicht von der Pflicht umfasst sind:

- die elektronische Verarbeitung von Angeboten sowie
- die elektronische Bewertung von Angeboten.

Es besteht gemäß Art. 22 Abs. 1 Unterabs. 2 f. RL 2014/24/EU

- **keine Pflicht zur E-Vergabe** für öffentliche Aufträge und Wettbewerbe, die unterhalb der EU-Schwellenwerte liegen
- **keine Pflicht zur E-Vergabe** für öffentliche Aufträge und Wettbewerbe, die hauptsächlich den Zweck haben, dem öffentlichen Auftraggeber die Bereitstellung oder den Betrieb öffentlicher Kommunikationsnetze oder die Bereitstellung eines oder mehrerer elektronischer Kommunikationsdienste für die Öffentlichkeit zu ermöglichen (Art. 8 RL 2014/24/EU)
- **keine Pflicht, elektronische Kommunikationsmittel bei der Einreichung von Angeboten in folgenden Fällen zu verlangen**
  a) aufgrund der besonderen Art der Auftragsvergabe würde die Nutzung elektronischer Kommunikationsmittel spezifische Instrumente, Vorrichtungen oder Dateiformate erfordern, die nicht allgemein verfügbar sind oder nicht von allgemein verfügbaren Anwendungen unterstützt werden;
  b) die Anwendungen, die **Dateiformate** unterstützen, die sich für die Beschreibung der Angebote eignen, verwenden Dateiformate, **die nicht**

mittels anderer offener oder allgemein verfügbarer Anwendungen **verarbeitet werden können, oder sind durch Lizenzen geschützt** und können vom öffentlichen Auftraggeber nicht für das Herunterladen oder einen Fernzugang zur Verfügung gestellt werden

c) die **Nutzung elektronischer Kommunikationsmittel würde spezielle Bürogeräte erfordern,** die öffentlichen Auftraggebern nicht generell zur Verfügung stehen.

d) in den Auftragsunterlagen wird die **Einreichung von physischen oder maßstabsgetreuen Modellen verlangt, die nicht elektronisch übermittelt werden können** Ungeachtet des Unterabsatzes 1 des vorliegenden Absatzes sind öffentliche Auftraggeber nicht verpflichtet, die Nutzung elektronischer Kommunikationsmittel im Einreichungsverfahren zu verlangen, insofern die Verwendung anderer als elektronischer Kommunikationsmittel entweder aufgrund einer **Verletzung der Sicherheit der elektronischen Kommunikationsmittel oder zum Schutz der besonderen Empfindlichkeit von Informationen** erforderlich ist, die ein derart hohes Schutzniveau verlangen, dass dieser nicht angemessen durch die Nutzung elektronischer Instrumente und Vorrichtungen gewährleistet werden kann, die entweder den Wirtschaftsteilnehmern allgemein zur Verfügung stehen oder ihnen durch alternative Zugangsmittel im Sinne des Abs. 5 zur Verfügung gestellt werden können.

- **keine Pflicht, elektronische Kommunikation zu verwenden,** sofern die Kommunikation **keine wesentlichen Bestandteile eines Vergabeverfahrens betrifft,** d. h. nicht Auftragsunterlagen, Teilnahmeanträge, Interessensbestätigungen und Angebote und sofern der Inhalt der mündlichen Kommunikation ausreichend dokumentiert wird. Insbesondere muss die mündliche Kommunikation mit Bietern, die einen wesentlichen Einfluss auf den Inhalt und die Bewertung des Angebots haben könnte, in hinreichendem Umfang und in geeigneter Weise dokumentiert werden.

Siehe auch § 41 Abs. 2 VgV (Bereitstellung der Vergabeunterlagen) und § 53 VgV (Form der Übermittlung der Angebote, Teilnahmeanträge und Interessenbestätigungen).

### 2.1.3 Übergangsfristen gemäß § 81 VgV

| | **Zentrale Beschaffungsstelle** (Auftraggeber, die auch für andere Auftraggeber Beschaffungen durchführen z. B. Beschaffungsamt des Bundesministeriums des Innern) | **Sonstige Beschaffungsstelle** |
|---|---|---|
| Elektronische Übermittlung der Bekanntmachung sowie elektronische Vergabeunterlagen | seit 18. April 2016 | seit 18. April 2016 |
| Kommunikation mit dem Bewerber/Bieter | 18. April 2017 | 18. Oktober 2018 |

Darüber hinaus sind von beiden Beschaffungsstellen für Sonderfälle folgende einheitlichen Übergangsfristen zu berücksichtigen:

| | **Zentrale und sonstige Beschaffungsstelle** |
|---|---|
| Elektronische Auktion, elektronischer Katalog, dynamisches Beschaffungssystem | seit 18. April 2016 |
| Einheitliche elektronische Europäische Eigenerklärung | 18. Oktober 2018 |
| Zugriff öffentlicher Auftraggeber auf das Online-Dokumentenarchiv e-Certis | 18. Oktober 2018 |
| Nutzbarkeit einer nationalen Datenbank für die Hinterlegung von Eignungsnachweisen für Auftraggeber anderer Mitgliedstaaten | 18. Oktober 2018 |

### 2.1.4 Was öffentliche Auftraggeber tun müssen

Aus der Darstellung der Fristen wird deutlich: Der öffentliche Auftraggeber hat seit dem 18. April 2016 die Bekanntmachung seiner Vergabeverfahren elektronisch zu übermitteln und die Vergabeunterlagen kostenfrei und ohne Registrierungspflicht im Internet zur Verfügung zu stellen. Für die Vergabeunterlagen reicht die Zurverfügungstellung auf dem eigenen Internetportal. Der Hyperlink zu den Vergabeunterlagen ist in der EU-Bekanntmachung anzugeben. Dies ist für viele öffentliche Auftraggeber bereits Standard und eine leicht zu erfüllende Aufgabe.

Die darüber hinausgehende Kommunikation mit den Bietern muss „erst" ab dem 18. April 2017 bzw. 18. Oktober 2017 auf elektronischem Wege erfolgen. Dabei ist jedoch zu berücksichtigen, dass die Umstellung die öffentlichen Auftraggeber vor allem vor technische und organisatorische Herausforderungen stellt und daher ein zeitlicher Vorlauf bei der Umsetzung unbedingt einzuplanen ist.

#### 2.1.4.1 Organisatorische Herausforderungen

- Analyse der individuellen Verfahrensabläufe
- Überführung oder Anpassung der vorhandenen Strukturen
- Standardisierung der Vergabeprozesse
- inhaltliche Überarbeitung vorhandener Formulare und Überführung in interaktive Formulare
- Schulungen und Informationsveranstaltungen für Mitarbeiter
- Testbetrieb
- technische Bereitstellung
- Vermeidung technischer Störungen
- Gewährleistung von Datensicherheit.

#### 2.1.4.2 Technische Maßnahmen

Neben den organisatorischen Fragen muss der öffentliche Auftraggeber sich entscheiden, welche technische Lösung er wählt.

GWB und VgV geben vor, dass die Unterlagen und die Kommunikation transparent und diskriminierungsfrei (unentgeltlich, uneingeschränkt und direkt abrufbar) zur Verfügung gestellt werden müssen. Sie schreiben jedoch nicht die Auswahl bestimmter Hard- oder Software-Komponenten oder Systeme vor. Der öffentliche Auftraggeber muss sich insoweit entscheiden, ob er

- erprobte Standard-Softwarelösungen/Vergabeplattformen
- Standardlösungen mit individuellen Anpassungen oder
- eigene Lösungen verwenden oder
- die E-Vergabe durch einen Fremdanbieter durchführen lassen möchte.

Unabhängig davon, für welche Variante sich der öffentliche Auftraggeber entscheidet: Er muss technisch gewährleisten, dass

- die Bekanntmachung, die Vergabeunterlagen und später das Einreichen von Angeboten rund um die Uhr (24/7) möglich ist,

- das 4-Augen-Prinzip auch bei der E-Vergabe berücksichtigt wird (Öffnung der Angebote erst nach Ablauf der Angebotsfrist durch zwei Vertreter des öffentlichen Auftraggebers [§ 55 Abs. 2 VgV]; Entscheidung über den Zuschlag durch zwei Vertreter des öffentlichen Auftraggebers [§ 58 Abs. 5 VgV]),
- die Vertraulichkeit gewahrt bleibt und nur Berechtigte Zugriff auf die empfangenen Daten haben, Tag und Uhrzeit des Datenempfangs genau zu bestimmen sind, kein vorzeitiger oder unberechtigter Zugriff erfolgt, keine unberechtigte Weiterleitung möglich ist (Anhang IV der RL 2014/24/EU, §§ 5, 10 VgV).

#### 2.1.4.3 Elektronische Signatur

Die elektronische Vergabe erfordert ebenso wie die bisherigen Verfahren eine Identifizierung des Urhebers und dessen rechtsverbindliche Unterschrift. Elektronische Signaturen werden wie folgt unterschieden:

- einfache elektronische Signatur (z. B. eingescannte Unterschrift; geringer Beweiswert)
- fortgeschrittene elektronische Signatur (Sicherheit hängt vom eingesetzten Verfahren und der Sorgfalt des Anwenders ab; ggfs. wäre sichere Erzeugung durch Anwender nachzuweisen)
- qualifizierte elektronische Signatur (i. d. R. rechtlich der handschriftlichen Unterschrift gleichgestellt; höchste Sicherheitsstufe).

§ 53 Abs. 3 VgV sieht vor:

> (...) Soweit es erforderlich ist, kann der öffentliche Auftraggeber verlangen, dass Angebote, Teilnahmeanträge, Interessensbekundungen und Interessensbestätigungen mit einer fortgeschrittenen elektronischen Signatur (...) oder mit einer qualifizierten elektronischen Signatur (...) zu versehen sind (...).

Voraussetzung für die Anwendung der Vorschrift ist eine vorherige Festlegung des Sicherheitsniveaus, dem Daten, die in direktem Zusammenhang mit der Angebotseinreichung gesendet, empfangen, weitergeleitet oder gespeichert werden, genügen müssen, durch den öffentlichen Auftraggeber. Die Festlegung dieses Sicherheitsniveaus muss das Ergebnis einer Verhältnismäßigkeitsprüfung zwischen den zur Sicherung einer richtigen und zuverlässigen Authentifizierung der Datenquelle und der Unversehrtheit der Daten erforderlichen Maßnahmen einerseits- und den von nicht berechtigten Datenquellen stammenden und/oder von fehlerhaften Daten ausgehenden Gefahren andererseits im Einzelfall sein, siehe auch Erwägungsgrund Nr. 57 der Richtlinie RL 2014/24/EU.

### 2.1.5 Vorteile der E-Vergabe

Erwägungsgrund Nr. 52 der RL 2014/24/EU fasst die Vorteile der E-Vergabe wie folgt zusammen:

> (…) Elektronische Informations- und Kommunikationsmittel können die Bekanntmachung von Aufträgen erheblich vereinfachen und Effizienz und Transparenz der Vergabeverfahren steigern. Sie sollten zum Standard für Kommunikation und Informationsaustausch im Rahmen von Vergabeverfahren werden, da sie die Möglichkeiten von Wirtschaftsteilnehmern zur Teilnahme an Vergabeverfahren im gesamten Binnenmarkt stark verbessern (…).

Ob diese Vorteile realisiert werden können, hängt im Wesentlichen davon ab, ob es den öffentlichen Auftraggebern in Bund, Ländern und Kommunen gelingt, kompatible E-Vergabelösungen zu schaffen und den Wirtschaftsteilnehmern damit tatsächlich verbesserte Möglichkeiten zu bieten. Die Verbreitung der E-Vergabe in der Praxis war bisher – trotz rechtlicher Zulässigkeit seit 2004 – gering und stieß auf Akzeptanzprobleme.

## 2.2 Strategische Aspekte der Einführung von E-Vergabe-Lösungen beim öffentlichen Auftraggeber

*Dr. Andreas Bock, kbk Rechtsanwälte*

### 2.2.1 Paradigmenwechsel

Aus der Gesetzesbegründung zu § 41 Abs. 1 VgV (Drucksache 87/16):

> Mit den Vorschriften zum Einsatz elektronischer Mittel bei der Kommunikation und bei der Datenübermittlung vollzieht die Richtlinie 2014/24/EU einen Paradigmenwechsel. Leitgedanke ist der vollständige Übergang von einer papierbasierten und -gebundenen öffentlichen Auftragsvergabe zu einer durchgängig auf der Verwendung elektronischer Mittel basierenden, medienbruchfreien öffentlichen Auftragsvergabe. Dieser Paradigmenwechsel bedingt eine Neuorganisation der Abläufe im Rahmen einer öffentlichen Auftragsvergabe – bei den öffentlichen Auftraggebern ebenso wie bei den Unternehmen.

### 2.2.2 Umsetzungsmöglichkeiten

Die praktische Umsetzung der E-Vergabe beim öffentlichen Auftraggeber dürfte sehr stark variieren.

Das eine Extrem (Möglichkeit 1) ist der öffentliche Auftraggeber, der die E-Vergabe zum Anlass nimmt, die Organisation des Beschaffungswesens aller seiner Organisationseinheiten einschließlich Eigengesellschaften zu hinterfragen, eine umfassende Prozessreorganisation in Betracht zieht und diese nicht nur auf EU-weite Ausschreibungen beschränkt, sondern den Unterschwellenwert-Bereich in die Überlegungen ausdrücklich mit einbezieht. Für diesen Ansatz sprechen die Synergieeffekte einer möglichst einheitlichen Ausgestaltung der Verfahrensorganisation über und unterhalb der Schwellenwerte, die unabhängig von einer möglichen gesetzlichen Pflicht zur E-Vergabe im Unterschwellenbereich sind. Eine solche einheitliche oder zumindest abgestimmte Ausgestaltung ist trotz der abweichenden gesetzlichen Ausgestaltung über und unterhalb der Schwellenwerte möglich und sollte ernsthaft geprüft werden.

Den Gegenpol (Möglichkeit 2) bildet der öffentliche Auftraggeber, der die E-Vergabe als nachrangiges Thema einstuft und seine Entscheidungen primär danach ausrichtet, die sich momentan stellenden gesetzlichen Pflichten zu erfüllen. Solange gewährleistet ist, dass die Sachentscheidungen des Vergabeverfahrens (z. B. Verfahrenswahl, Feststellung der Eignung, Angebotswertung) vom öffentlichen Auftraggeber selbst getroffen und sämtliche gesetzlichen Anforderungen (Geheimwettbewerb, Datenschutz) erfüllt werden, dürfte die Umsetzung der E-Vergabe, d. h. die Kommunikation mit Bietern, weitgehend delegierbar sein. Wenn man zusätzlich berücksichtigt, dass

- öffentliche Auftraggeber, die nicht „Zentrale Beschaffungsstellen" im Sinne von § 120 Abs. 4 GWB sind, nach § 81 S. 1 VgV ab dem 18. Oktober 2018 verpflichtet sind, elektronische Erklärungen der Bieter entgegen zu nehmen,
- Bekanntmachungen im Überschwellenwertbereich bereits nach geltendem Recht über das Amt für amtliche Veröffentlichungen der Europäischen Gemeinschaften veröffentlicht werden müssen und daher in der Regel elektronisch über TED (Tenders Electronic Daily) veröffentlicht werden und
- Vergabeunterlagen mit sehr geringem Aufwand gemäß § 41 Abs. 1 VgV elektronisch abrufbar bereitgestellt werden können,

ist es gut vorstellbar, dass der 18. April 2016 bei zahlreichen öffentlichen Auftraggebern ohne bewusste Entscheidung zum Thema E-Vergabe oder gar Konsequenzen verstrichen ist und sich die Mehrheit der öffentlichen Auftraggeber für Möglichkeit 2 entscheidet oder zumindest faktisch diesen Weg beschreitet. Die Entscheidung für diese Möglichkeit erscheint plausibel, wenn man berücksichtigt, dass öffentliche Auftraggeber zunehmend neue Aufgaben mit immer weniger Personal erledigen müssen.

### 2.2.3 Entscheidungsparameter

Die Empfehlung zur Umsetzung der E-Vergabe bedeutet keinesfalls, dass die oben beschriebene Möglichkeit 1 (Einführung der E-Vergabe über und unterhalb der Schwellenwerte über alle Organisations-einheiten) bedingungslos umzusetzen ist. Gegen dieses Vorgehen spricht beispielsweise, dass der öffentliche Auftraggeber auf diesem Wege zahlreiche wichtige Auftragnehmer insbesondere im Unterschwellen-wertbereich verlieren könnte. Gemeint sind die Auftragnehmer, die vielleicht schon heute den Aufwand für Vergabeverfahren kritisch betrachten und die elektronische Angebotsabgabe als eine zusätzliche technische Hürde sehen, die sie abschreckt.

Die Empfehlung für öffentliche Auftraggeber lautet jedoch, langfristig Möglichkeit 1 in Betracht zu ziehen und dahin gehend zu prüfen,

- welche Veränderungen der Vergabeprozesse infolge der gesetzlichen Vorgaben unvermeidbar sind und
- welche (Synergie-)Effekte die Umsetzung der Möglichkeit 1 (für alle Organisationseinheiten und die Vergaben über und unterhalb der Schwellenwerte) haben könnte.

Es liegt auf der Hand, dass die Effekte bei einer Stadt mit 50 Organisationseinheiten mit jeweils eigenständigem Beschaffungswesen anders ausfallen, als in einer Kleinstadt, in der drei Abteilungen den Einkauf durchführen.

Die Einschätzung der möglichen Vorteile für den öffentlichen Auftraggeber im Rahmen der Bedarfsanalyse hängt natürlich vom Betrachtungszeitraum ab. Hier sollten öffentliche Auftraggeber eine langfristige Betrachtung anstellen, d. h. in etwa einen Zeitraum von 10 Jahren im Blick haben. Dafür sprechen mehrere Gründe:

- Ein eingerichtetes Beschaffungswesen mit langen Beschaffungszyklen lässt sich kaum innerhalb eines Jahres komplett reformieren.

- Viele Bestandteile des Vergabeverfahrens laufen unabhängig vom Beschaffungsgegenstand zunehmend gleich ab; dies gilt insbesondere für die Kommunikation mit den Bietern. Diese Tendenz wird sich durch die Vergaberechtsmodernisierung 2016 verstärken.
- Das hohe Innovationstempo der IT-Entwicklung wird Auswirkungen auf das Bieterverhalten haben. So ist wahrscheinlich, dass mit der Verfügbarkeit einfach bedienbarer E-Vergabe-Lösungen die Akzeptanz zur elektronischen Kommunikation und Angebotsabgabe auch in kleinen und mittelständischen Betrieben rasant wachsen wird.

Es muss berücksichtigt werden, dass nennenswerte Synergieeffekte nicht allein durch die Einführung von E-Vergabe-Lösungen innerhalb der jeweils bestehenden Strukturen des öffentlichen Auftraggebers erzielt werden können, sondern gegebenenfalls eine Organisationsreform voraussetzen. Die geänderten Rahmenbedingungen für die E-Vergabe seit dem 18. April 2016 könnten der Anlass für diese Organisationsreform sein.

Im Gegensatz zum Planungshorizont der Bedarfsanalyse, der einen langen Zeitraum umfassen sollte, ist es sinnvoll, die konkrete Umsetzung von Maßnahmen in kleinen Schritten erfolgen zu lassen.

Es ist ratsam, die am Markt verfügbaren E-Vergabe-Lösungen sorgfältig zu prüfen. Insbesondere sollten öffentliche Auftraggeber ihre E-Vergabestrategie nicht auf die Auswahl einer am Markt verfügbaren E-Vergabe-Lösung reduzieren und sich vertraglich oder faktisch langfristig an eine konkrete E-Vergabe-Lösung binden.

Diese Empfehlung basiert auf der These, dass öffentliche Auftraggeber, die nicht bereits eine E-Vergabe-Lösung einsetzen, häufig nicht in der Lage sein werden, ihren Bedarf in allen Facetten ex ante zutreffend einzuschätzen oder ihn in einer Leistungsbeschreibung für eine lange Vertragslaufzeit eindeutig und erschöpfend zu beschreiben. Die Lernkurve zur Einführung von E-Vergabe-Lösungen mag flach sein. Die Aneignung von Wissen und Berücksichtigung eigener Erfahrungen zu E-Vergabe-Lösungen im Kontext der eigenen Rahmenbedingungen (und nicht derjenigen einer Vertriebspräsentation) dürfte entscheidend für den Erfolg der (E-)Vergabe-Strategie des öffentlichen Auftraggebers sein.

Dabei ist zu berücksichtigen, dass eine Bindung an eine konkrete E-Vergabe-Lösung im Sinne eines Locked-In-Effekts nicht nur vertraglich, sondern auch faktisch entstehen kann. Es sollte daher bereits beim Einkauf deines E-Vergabe-Systems an den möglichen Ausstieg in ferner Zukunft gedacht werden.

§ 81 VgV gewährt öffentlichen Auftraggebern, die nicht zentrale Beschaffungsstelle sind, eine Umsetzungsfrist. Sie sind erst ab dem 18. Oktober 2018 verpflichtet, elektronische Angebote entgegen zu nehmen. Die 30 Monate ab Inkrafttreten des neuen Vergaberechts verschaffen öffentlichen Auftraggebern ausreichend Raum für eine angemessene Bedarfsanalyse, ein schrittweises Vorgehen bei der konkreten Einführung und insbesondere für den Erwerb eigener Erfahrungen. So wäre es beispielsweise möglich, eine einfache E-Vergabe-Lösung für ein Jahr zu kaufen und sie in einem Teilbereich des Beschaffungswesens zu nutzen. Die in dem Jahr der Nutzung gemachten Erfahrungen dienen dann dazu, den konkreten Bedarf zu ermitteln und in Leistungsbeschreibung sowie Zuschlagskriterien abzubilden.

Geht die Einführung eines E-Vergabe-Systems mit einer Organisationsreform einher, so muss das möglicherweise bestehende Beharrungs-vermögen von Organisationseinheiten berücksichtigt werden, die über ein eigenständiges Beschaffungswesen verfügen. Zu sachgerechten Lösungen dürfte man insoweit nur gelangen, wenn die Leitung des jeweiligen Auftraggebers über die konkreten Schritte im Zusammenhang mit der Einführung von E-Vergabe-Lösungen und damit einhergehenden organisatorischen Maßnahmen entscheidet oder – sofern das nicht erreichbar ist – zumindest die diesbezüglichen Ziele verbindlich vorgibt.

Die Umsetzung der beschriebenen Möglichkeit 1 wird in vielen Fällen zu einer Zentralisierung des Beschaffungswesens führen. Das führt zwangsläufig zu einer größeren Distanz zwischen den Bedarfsträgern beim öffentlichen Auftraggeber und denjenigen, die den Beschaffungsbedarf umsetzen. Problematisch für das Gelingen der Reorganisation dürfte daher sein, spezifische Bedarfe und Verfahrensanforderungen nicht ohne Prüfung der Erforderlichkeit als entbehrlich abzutun und so (bewusst oder unbewusst) zum Kollateralschaden der Zentralisierung und Standardisierung zu machen. Die Akzeptanz der Bedarfsträger dürfte schneller verschlissen sein, als sie nachher aufgebaut werden könnte. Die Empfehlung lautet ausdrücklich nicht, sämtliche Sonderanforderungen jedes Bedarfsträgers in der zentralisierten Vergabestelle eines öffentlichen Auftraggebers abzubilden. Aber wer einmal eine Leistungsbewertung für eine IT-Dienstleistung mit den Methoden einer sachfremden VOB-Vergabe durchgeführt hat, lernt die auf IT-Leistungen zugeschnittenen UfAB-Methoden zur Angebotswertung besonders schätzen.

### 2.2.4 Empfehlungen

Der vom Gesetzgeber erwartete Paradigmenwechsel wird kommen. Die realen Konsequenzen für die eigene Organisation (und ggf. versäumte Potenziale) dürfte manchem öffentlichen Auftraggeber erst viele Jahre später bewusst sein.

Öffentliche Auftraggeber sollten keinesfalls bis 2018 warten, sondern in 2016:

1. die Einführung von E-Vergabe-Lösungen, der damit möglicherweise verbundenen organisatorischen Schritte und jedenfalls die **Festlegung der strategischen Ziele zur Chefsache machen,**
2. die Einführung von E-Vergabe **nicht auf die Auswahl einer am Markt verfügbaren E-Vergabe-Lösung reduzieren,**
3. die Einführung von E-Vergabe mit einer **Bedarfsanalyse** beginnen, die
   - einen **langen Zeitraum** abdeckt und
   - sich auf **alle Organisationseinheiten** des öffentlichen Auftraggebers (einschließlich Eigenbetriebe, Eigengesellschaften) erstreckt,
4. E-Vergabe **kleinschrittig** einführen, d. h.
   - für einen Übergangszeitraum **Vergabeverfahren hybrid durchführen, d. h. elektronische und papiergebundene Angebote parallel zulassen,**
   - sich **nicht** bereits 2016 langfristig vertraglich oder faktisch **an eine am Markt verfügbare E–Vergabe-Lösung binden** und
   - dabei **„Locked-In-Effekte", d. h. die Abhängigkeit von Herstellern, vermeiden** und
   - insbesondere Zeiträume nutzen, um eigene **Erfahrungen zu sammeln,** welches ermöglicht, die eigenen Anforderungen in Bezug auf E-Vergabe-Lösungen so gut zu erfahren, dass sie nach einem Jahr zutreffend in Leistungsbeschreibung und Zuschlagskriterien abgebildet werden können, und
5. schließlich die Erforderlichkeit **spezifischer** Verfahrensanforderungen im Falle einer Konzentration des Beschaffungswesens sorgfältig prüfen und nicht leichtfertig den vermeintlichen **Sachzwängen** einer einheitlichen Verfahrensorganisation opfern.

## 2.3 Die neue E-Vergabe für bietende Unternehmen

*Hans-Jürgen Niemeier, CONET Technologies AG; Felix Zimmermann, Bitkom e. V.*

### 2.3.1 Effekte der E-Vergabe

Die seit April 2016 schrittweise bis Oktober 2018 verpflichtend einzuführende elektronische Vergabe von öffentlichen Aufträgen im Bereich der klassischen Bau-, Dienst- und Lieferleistungen ab Erreichen der EU-Schwellenwerte ändert das Kommunikationsverhalten zwischen Auftraggeber und Auftragnehmer grundlegend. Elektronische Vergabeverfahren sind zwar seit vielen Jahren rechtlich möglich. In der Vergangenheit haben sich jedoch nur wenige öffentliche Auftraggeber hierfür entschieden. Auf beiden Seiten besteht daher nur wenig Erfahrungswissen und organisatorische Übung. Lediglich mit der elektronischen Recherche nach Bekanntmachungen im Internet sind viele Bieter vertraut. Ein darüber hinaus gehendes elektronisches Verfahren mit elektronischen Vergabeunterlagen, elektronisch einzureichenden Angeboten und elektronischem Zuschlagsschreiben gehört wie viele große Digitalisierungsprojekte des Staates zurzeit noch zum Neuland.

Der Schritt zur Digitalisierung des Vergabeverfahrens ist unumkehrbar. Die Unternehmen müssen sich auf diesen Wandel einstellen. Sobald nach sorgfältiger Vorbereitung das elektronische Vergabeverfahren eingerichtet ist und umfassend genutzt wird, ist zu erwarten, dass sich die damit verbundenen Investitionen durch den vollelektronischen Prozess (u. a. durch die Nachvollziehbarkeit und verbesserte unternehmensinterne Kommunikation) in vertretbarer Zeit amortisieren. Dies setzt allerdings voraus, dass die zur Verfügung stehenden Tools im Einzelfall auch effizient genutzt werden können.

**Transparenz der Vergabeunterlagen**

Nach der seit 18. April 2016 geltenden Rechtslage müssen bei neu begonnenen Vergabeverfahren nicht nur die Bekanntmachungstexte, sondern auch die gesamten Vergabeunterlagen vollständig, frei und ohne Kosten herunterladbar im Internet zur Verfügung gestellt werden. Diese Vorgabe lässt sich für öffentliche Auftraggeber leicht erfüllen. Die relevanten Dokumente müssen lediglich auf eine Website gestellt werden, z. B. auf das stadteigene Internetportal. Dort sind sie für interessierte Unternehmen leicht einzusehen.

Die neue Transparenz der Vergabeunterlagen wurde von Anfang an sehr kritisch betrachtet. Öffentliche Auftraggeber müssen nun damit rechnen, dass ein weit über die gewohnten Bieter hinausgehender Kreis den Zugang zu den Unterlagen nutzt. So ist für die Öffentlichkeit wesentlich leichter nachzuvollziehen, welche Beschaffungen wo und wie geplant sind. Zuvor mussten Vergabeunterlagen explizit angefordert werden. Dies stellte in der Praxis eine hohe Hürde für die Anforderung der Unterlagen dar, insbesondere wenn eine Gebühr verlangt wurde.

Inzwischen ist einige Zeit vergangen, ohne dass gravierende negative Auswirkungen bekannt geworden sind, die gegen eine freie Zurverfügungstellung von Vergabeunterlagen sprechen. Es ist langfristig ein positiver Effekt zu erwarten: Die Gesamtqualität der Vergabeunterlagen wird durch die verbesserte

Transparenz kontinuierlich steigen, weil gute Beispiele auffallen und entsprechend kopiert werden.

Für die Bieter ist die Transparenz der Vergabeunterlagen ausschließlich positiv. Sie erhalten dadurch einen sofortigen Einblick in die Besonderheiten des Auftrags. Allerdings kann es im Kontext mit Nutzungsrechten zu (nicht neuen, aber intensiveren) rechtlichen Herausforderungen kommen. Beispielsweise wenn öffentliche Auftraggeber zur Beschreibung des Auftrags auf die Dokumentation des Wirtschaftspartners zurückgreifen müssen, der zur Zeit der Ausschreibung noch den laufenden Auftrag innehat. Denkbar ist dies z. B. in Fällen des IT-Supports, wenn es eine Beschreibung oder eine Skizze der Systemlandschaft des Auftraggebers gibt, die der Bestandsanbieter angefertigt hat. Kritisch ist die Veröffentlichung solcher Dokumente in den Vergabeunterlagen, wenn zuvor nicht genau geklärt worden ist, welche Nutzungsrechte hieran bestehen. Es kann auch der Fall eintreten, dass zur Beschreibung eines Auftrags auf Teile von Betriebskonzepten oder Betriebshandbüchern zurückgegriffen werden soll. Auftraggeber sollten daher frühzeitig mit dem Auftragnehmer vereinbaren, inwieweit die bestehende und noch anzufertigende Dokumentation in den späteren Vergabeunterlagen zukünftiger Folgeausschreibungen verwendet werden darf.

**Vollständige E-Vergabe ab Oktober 2018**

Die wichtigste Ausbaustufe der E-Vergabe sieht für zentrale Vergabestellen ab 18. April 2017 vor, dass die Unternehmen ihre Angebote vollständig elektronisch einreichen können. Für subzentrale Vergabestellen, also für den eigenen Bedarf beschaffende Einkäufer, gilt dies erst ab 18. Oktober 2018. Ausnahmen von der Pflicht, elektronische Angebote einreichen zu müssen, gibt es nur vereinzelt, z. B. für Gebäudemodelle. Da ein als Anhang per E-Mail gesendetes Angebot nicht mit den neuen Vorschriften zur Sicherheit der elektronischen Kommunikation in § 11 Abs. 2 Vergabeverordnung (VgV) konform ist, müssen die öffentlichen Auftraggeber spätestens dann ein vollwertiges E-Vergabe-System betreiben. Bis dahin wäre es denkbar, Vergabeunterlagen auf die Website zu stellen und die Angebote per Papier einzufordern.

Für die öffentliche Verwaltung bedeutet die Digitalisierung der Vergabe eine enorme Umstellung. Sie muss einen großen Teil des finanziellen und organisatorischen Aufwands für die E-Vergabe stemmen. Zwar geht es primär um die Digitalisierung des Beschaffungsprozesses im engeren Sinne, also von der Bekanntmachung bis hin zum Zuschlag. Dennoch gibt es dabei viel zu tun: Revisionssichere Software muss beschafft und betrieben, sichere Datenverbindungen und -räume eingerichtet, Mitarbeiter geschult und interne Workflows angepasst werden. Dies sind nur einige der anstehenden Aufgaben, die aufgrund des Beharrungsvermögens eingeschliffener Verwaltungsstrukturen nicht leicht zu erfüllen sind.

**Vorbereitung als Wettbewerbsvorteil**
Gleichermaßen sind auch die Unternehmen gefordert, ihre eingespielten Prozesse und verwendeten Tools im Hinblick auf die neue Pflicht zur elektronischen Vergabe zu überprüfen. Wie in der Verwaltung trifft die elektronische Vergabe dort auf Strukturen, die ihre Wandlungsfähigkeit erst noch unter Beweis stellen müssen.

Der Bruch könnte kaum stärker sein, denn zurzeit laufen die meisten Ausschreibungen im Hinblick auf die Angebotsabgabe zu weiten Teilen noch auf Papierbasis. Auch wenn die E-Vergabe erst im Oktober 2018 vollständig zu realisieren ist, können öffentliche Auftraggeber schon heute zur vollständigen elektronischen Kommunikation übergehen. Insofern müssen die an öffentlichen Aufträgen interessierten Unternehmen eine Parallelstrategie für elektronische und papierbasierte Vergabeverfahren entwickeln. Gerade in der Zeit bis zum vollen Ausbau der E-Vergabe kann es vorteilhaft sein, besser als andere Unternehmen aufgestellt zu sein. Es ist nicht unwahrscheinlich, dass in der Umbruchzeit weniger Unternehmen an elektronischen Vergabeverfahren teilnehmen und sich dadurch eine größere Chance auf den Zuschlag realisieren lässt.

**Geschwindigkeit zählt**
Mehr als zuvor sind klare und schnelle Abläufe in den Unternehmen wichtig. Mittlerweile herrscht im Vergabeverfahren ein enorm hoher Zeitdruck. Die Vergaberechtsreform hat sämtliche Mindestfristen für die Abgabe von Angeboten drastisch verkürzt. Hatte ein Bieter im offenen Verfahren bislang noch mindestens 52 Tage Zeit, sein Angebot abzugeben, so können es nach § 15 Abs. 2 VgV nur noch 35 Tage sein. Mit einer Vorinformation ist es dem öffentlichen Auftraggeber sogar möglich, diese Frist nach § 38 Abs. 3 VgV auf 15 Tage zu verkürzen.

Die neuen Fristen sind zwar für die Auftraggeber nicht verbindlich. Durch die Digitalisierung des Vergabeverfahrens stehen ihnen jedoch neue Tools zur automatisierten Berechnung und Eintragung von Fristen zur Verfügung. Die Versuchung, die standardmäßig vorgeschlagene Mindestfrist zu wählen, ist groß. Zudem ist eine kurze Frist ein Garant dafür, dass sich kein allzu großer Bieterkreis für eine Ausschreibung bildet. Insofern finden opportun agierende Auftraggeber hiermit ein unauffälliges Instrument, um überwiegend bekannte Bieter im Boot zu haben.

Der Gesetzgeber rechtfertigt die neuen Fristen mit den Effizienzgewinnen der elektronischen Kommunikation. Ob elektronisch oder nicht: Viele Prozesse können auch im Unternehmen nicht übereilt abgegeben werden und benötigen Zeit. In aller Regel sind mehrere Personen an der Erstellung eines Angebots beteiligt und fast immer müssen u. a. preisliche Details und Lieferzeiten mit Vorlieferanten abgesprochen und dokumentiert werden. Besonders aufwendig wird es, wenn strategische Kriterien abgefragt werden, also z. B. die sozial nachhaltige Produktion von Leistungen. Umso wichtiger ist es, bei der internen und externen Kommunikation keine Zeit zu verlieren und die Prozesse und Technik hierauf abzustimmen.

**E-Vergabe unterhalb der Schwellenwerte**
Es ist zu erwarten, dass die E-Vergabe zukünftig auch für Ausschreibungen unterhalb der Schwellenwerte verbindlich festgelegt wird, also im Bereich von Lieferungen und Leistungen unterhalb eines geschätzten Auftragswerts von 209.000 EUR, im Baubereich unterhalb von 5.225.000 EUR sowie für Aufträge einer obersten Bundesbehörde unterhalb von 135.000 EUR. Seit Frühjahr 2016 laufen die Beratungen über ein neues Vergaberecht im Unterschwellenbereich zwischen dem für einen Gesetzentwurf der Bundesregierung zuständigen Bundesministerium für Wirtschaft und Energie, den weiteren Ressorts der Bundesregierung und den Bundesländern. Noch vor Ende der laufenden Legislaturperiode im Jahr 2017 könnte mit einem entsprechenden Gesetzesbeschluss zu rechnen sein. Es mag dann möglicherweise Geringfügigkeitsschwellen geben, unter denen eine elektronische Ausschreibung nicht erforderlich ist. Aber selbst wenn keine Pflicht zur elektronischen Ausschreibung im Unterschwellenbereich geregelt würde, so ist davon auszugehen, dass sämtliche Abläufe in den Vergabestellen hierauf ausgerichtet und gleichwohl elektronisch durchgeführt werden.

Bis zu einer neuen Regelung im Unterschwellenbereich ist die Situation für Vergabestellen und Bieter jedoch paradox: Während bei großvolumigen europaweit auszuschreibenden Vergaben nach § 53 Abs. 1 VgV der Standardfall die Abgabe von Angeboten in Textform darstellt, also ohne Verwendung einer Signatur, so ist im Unterschwellenbereich noch nach § 13 Abs. 1 Vergabe- und Vertragsordnung für Leistungen (VOL/A) zwingend eine elektronische Signatur zu verwenden. Hierbei wird es sicherlich nicht lange bleiben können.

**Portalvielfalt als Hindernis für Wettbewerb**
Das Auffinden von Ausschreibungen ist verhältnismäßig leicht möglich. Insbesondere EU-weite Bekanntmachungen sind in den meisten Vergabeportalen

gleichermaßen zu finden. Anders ist es mit der Beteiligung an Ausschreibungen. In aller Regel können der Teilnahmeantrag, das Angebot und sämtliche weitere Kommunikation mit dem öffentlichen Auftraggeber nur über die Plattform laufen, die der öffentliche Auftraggeber für seine Ausschreibungen verwendet.

Auch wenn bei der Nutzung der auf dem Markt verfügbaren Lösungen vergleichbare Prozessschritte durchlaufen werden, so unterscheiden sie sich doch im Detail. Abhängig von der Intensität der Aktivitäten der Bieter im Bereich des öffentlichen Auftragswesens ist man schnell bei einem Dutzend Registrierungen in Vergabeportalen mit allen Konsequenzen für die unternehmensseitige Verwaltung dieser Accounts: Benutzernamen, Passwörter, E-Mail-Adressen, Signaturkarten usw. müssen verwaltet werden.

### 2.3.2 Bildung eines E-Vergabe-Teams

Bieter müssen sich intensiv auf den Umstand vorbereiten, dass in absehbarer Zukunft Angebote ausschließlich in elektronischer Form abgegeben werden können. Dieses bedeutet eine umfassende und intensive Auseinandersetzung mit technischen und organisatorischen Herausforderungen. Trotz des elektronischen Vergabeverfahrens darf der Aufwand für die Beteiligung an Ausschreibungen der öffentlichen Hand nicht unterschätzt werden. Auch wenn elektronische Tools den gesamten Prozess vereinfachen, so ist es wichtig, diese zu beherrschen und auf die Besonderheiten des Geschäftsfeldes mit entsprechend geschulten Mitarbeitern schnell eingehen zu können. Zu empfehlen ist insoweit die Einrichtung eines fachlich und zugleich technisch versierten E-Vergabe-Teams.

Technische Expertise ist in einem E-Vergabe-Team essentiell, weil es z. B. beim Umgang mit Dokumenten und Signaturen oder bei der Übertragung von Dokumenten zu unvorhergesehenen Problemen kommen kann. In der Regel sind diese Probleme nur durch spezielle Untersuchungen und Tests zu beheben. Die von der Vergabestelle festgesetzten Fristen, insbesondere Abgabezeitpunkte für Erklärungen, sind häufig nicht konform mit den von den E-Vergabe-Plattformen vorgegebenen Supportzeiten. Hinzu kommen etwa Wartungsfenster oder Software-Updates, auf die entsprechend reagiert werden muss. In den Unternehmen müssen entsprechende Prozesse mit Checklisten oder Prüfsystemen eingerichtet werden, um auf solche Unwägbarkeiten besser reagieren zu können.

Fachliche Expertise ist für die Erstellung von Teilnahmeanträgen oder Angeboten erforderlich. Die vom Auftraggeber verlangten Nachweise und Angebotsdaten müssen innerhalb der häufig sehr kurzen Fristen beschafft werden.

Entsprechende Schnittstellen zu den jeweils zuständigen Mitarbeitern z. B. in den Bereichen Verkauf und Recht müssen eingerichtet sein und gut funktionieren. Letztlich müssen zusätzlich kurze Wege für die Freigabe von Angeboten durch dazu berechtigte Mitarbeiter eingerichtet sein.

Regelmäßige Beschäftigung mit E-Vergabe-Plattformen ist daher wichtig. Die Vielzahl unterschiedlicher Plattformen macht individuelle Kenntnisse erforderlich. Diese sollten z. B. auch im Urlaubs- oder Krankheitsfall der zuständigen Mitarbeiter durch entsprechende Dokumentationen zugänglich sein und über Vertretungsregelungen abgefangen werden können.

### 2.3.3 Elektronische Unterstützung in den Ausschreibungsphasen

Blickt man aus Perspektive der Unternehmen auf die Prozesse einer Ausschreibung, so kann man grob die folgenden vier Schritte unterscheiden. Auf jeden Schritt hat die Digitalisierung des Vergabeverfahrens Einfluss:

1. Ausschreibung finden
2. Eignungsanforderungen prüfen
3. Vergabeunterlagen prüfen
4. Angebot erstellen und versenden

#### 2.3.3.1 Ausschreibung finden

Der erste Schritt zum öffentlichen Auftrag ist das Auffinden einer potenziell relevanten Ausschreibung. Denn auf dem Markt für öffentliche Aufträge finden sich Angebot und Annahme in aller Regel genau andersherum, als auf dem freien Markt: Nicht der Nachfrager kommt auf den Anbieter zu, sondern der Anbieter muss sich dem Nachfrager anbieten. Entscheidender Dreh- und Angelpunkt ist daher zunächst die Bekanntmachung einer Ausschreibung. Titel und Beschreibung von relevanten aktuellen Bekanntmachungen müssen also recherchiert und ausgewertet werden.

Unglücklicherweise macht es einen großen Unterschied, ob Aufträge unterhalb oder ab Erreichen der EU-Vergaberechtlichen Schwellenwerte gesucht werden. Es gelten nämlich unterschiedliche Transparenzvorschriften für die Bekanntmachung. Im Fall von EU-weiten Ausschreibungen, also im Bereich von Lieferungen und Leistungen ab einem geschätzten Auftragswert von 209.000 EUR, im

Baubereich von 5.225.000 EUR sowie für Aufträge einer obersten Bundesbehörde ab 135.000 EUR, ist das Auffinden leichter, als bei rein national auszuschreibenden Aufträgen.

EU-weite Ausschreibungen müssen von allen öffentlichen Auftraggebern in der EU auf der Plattform TED (Tenders Electronic Daily) unter http://ted.europa.eu veröffentlicht werden. Es lassen sich dort jedoch ausschließlich die Bekanntmachungstexte und nicht die wesentlich aussagefähigeren Vergabeunterlagen finden. Insoweit dient die Plattform lediglich als erster kostenfreier Recherchezugang für großvolumige Aufträge. Dabei kann nach bestimmten Leistungsgruppen gesucht werden. Dies erfolgt entweder mit Hilfe von Stichworten oder standardisierten CPV-Codes (Common Procurement Vocabulary).

Viele europaweite Ausschreibungen deutscher öffentlicher Auftraggeber sind unter http://www.evergabe-online.de zu finden. Die Bundesbehörden haben auf dieser Plattform die Möglichkeit, ihre Ausschreibungen vollständig in und mit dem angebotenen System abzuwickeln. Hierfür stellt das Beschaffungsamt des Bundesministeriums des Innern die notwendigen Tools zur Verfügung. Zumindest der Bekanntmachungstext von Ausschreibungen ist auf der Plattform immer einsehbar. Zusätzlich können die teilnehmenden öffentlichen Auftraggeber auch die zu veröffentlichenden Vergabeunterlagen platzieren und elektronische Angebote von den Bietern annehmen. Für Unternehmen, die nach öffentlichen Ausschreibungen der Bundesverwaltung suchen, ist die Plattform daher ein gut geeigneter Einstieg in die E-Vergabe.

Kompliziert ist die Lage mit den allgemein auf ca. 80 % geschätzten, zahlenmäßig weit überwiegenden Aufträgen, bei denen die Schwellenwerte für eine EU-weite Ausschreibung nicht erreicht sind. Alle derartigen rein elektronisch durchgeführten Vergaben müssen nach § 12 Abs. 1 VOL/A auf http://www.bund.de bekannt gemacht werden. Dies ist jedoch nur ein kleiner Teil der nationalen Ausschreibungen. Der größte Teil ist weiterhin papierbasiert und muss nicht auf einem elektronischen Vergabeportal veröffentlicht werden. Für diese Ausschreibungen ist insofern neben einer „digitalen" Auffindungsstrategie weiterhin in den Ausschreibungsblättern bzw. den jeweiligen Publikationsorganen zu suchen. Die Problematik verschärft sich dadurch, dass papierbasierte Ausschreibungen nicht zentral bekannt gemacht werden müssen.

Es gibt eine Vielzahl professioneller Dienste im Internet, die elektronische und papierbasierte Bekanntmachungen aus europaweiten und nationalen Ausschreibungen sammeln, die Daten aufbereiten und für Unternehmen recherchierbar machen. Es können in aller Regel auch profilbasierte „Alerts" (elektronische Benachrichtigungen) eingerichtet werden, mit denen unmittelbar über neue relevante Ausschreibungen informiert wird. Ohne derartige Dienste müsste genau ermittelt werden, wo genau und in welcher Form die Ausschreibungen der verschiedenen öffentlichen Auftraggeber publiziert werden. Für Bieter ist dies in aller Regel nicht zu leisten, es sei denn, es kommen von vornherein nur wenige öffentliche Auftraggeber überhaupt infrage.

Liegt ein den Suchkriterien entsprechender Bekanntmachungstext vor, so muss dieser einer genaueren Prüfung anhand der Beschreibung unterzogen werden. Dabei kann es unter Umständen sinnvoll sein, weitere generelle Filterkriterien aufzustellen wie z. B. „Auftragsvolumen nur ab Summe X-tausend EUR“ oder „Leistungsort in NRW“.

Ein hilfreiches Instrument im Bereich der EU-weiten Ausschreibungen ist die Vorinformation nach § 38 Abs. 1 VgV. Damit kann der öffentliche Auftraggeber bereits vor einer Bekanntmachung mitteilen, dass er eine Ausschreibung in absehbarer Zukunft veröffentlichen wird. Die Vorinformation ist wie die spätere Bekanntmachung auf dem Bekanntmachungsportal TED der EU zu finden. Allerdings machen nur wenige Auftraggeber hiervon Gebrauch. Zudem handelt es sich hierbei auch für die Auftraggeber um ein Instrument zur Verkürzung von Fristen. Mit einer Vorinformation kann der Auftraggeber die Frist zur Abgabe von Angeboten deutlich reduzieren. Insoweit ist die Vorinformation ein zweischneidiges Schwert.

#### 2.3.3.2 Eignungsanforderungen prüfen

Nachdem ermittelt worden ist, dass die ausgeschriebene Leistung grundsätzlich im Leistungsspektrum des Unternehmens liegt, sollten die Eignungsanforderungen geprüft werden. Denn die Erstellung eines Angebots ist sinnlos, wenn die erste Hürde der Eignung nicht überwunden werden kann.

Hierzu enthält der Bekanntmachungstext von EU-weiten Ausschreibungen neben einer Kurzbeschreibung der geforderten Leistung auch die Anforderungen, die an die Eignung des zukünftigen Auftragnehmers gestellt werden. Mit der Eignungsprüfung sollen solche Unternehmen herausgefiltert werden, denen die Übernahme des Auftrags von vornherein nicht zugetraut wird. Kriterien sind die Fachkunde (z. B. Referenzen) und die Leistungsfähigkeit (z. B. Mindestumsatz, Mitarbeiterzahl). Es werden in aller Regel auch Auszüge aus dem Handelsregister und weitere Bescheinigungen gefordert, etwa eine Unbedenklichkeitsbescheinigung vom Finanzamt.

Es ist möglichst schnell zu ermitteln, ob das Unternehmen die Eignungskriterien erfüllt. Entsprechendes Wissen über Referenzprojekte und die standardmäßig verlangten Nachweise sollten leicht verfügbar und möglichst aktuell sein. Die kontinuierliche Pflege einer entsprechenden Nachweissammlung sollte Grundlage des Teams sein, dass sich um die Bewerbung bei öffentlichen Aufträgen kümmert. Unter Umständen kann die Eignung durch Hinzunahme eines weiteren Unternehmens erreicht werden, z. B. durch eine Bietergemeinschaft oder Unterauftragnehmer.

Die E-Vergabe hilft bei der inhaltlichen Beantwortung der Eignungsfrage selbst nicht weiter. Ein im Bereich EU-weiter Ausschreibungen für die Bieter neu eingeführtes Instrument ist allerdings die Einheitliche Europäische Eigenerklärung (EEE) nach § 50 VgV. Es handelt sich dabei um ein elektronisches Dokument, das die Eignungsanforderungen formal standardisiert. Vorrangig geht es nicht um die inhaltliche Frage, welche Anforderungsinhalte genau gestellt werden (z. B. Anzahl und Qualität der Referenzen). Es geht um die Frage, welche Anforderungen überhaupt, in welcher Reihenfolge und in welchem Dokumentformat gestellt werden könnten. Darüber hinaus sollen Daten aus einer früheren Einheitlichen Europäischen Eigenerklärung auch für spätere Ausschreibungen verwendbar sein, sofern sie noch korrekt sind.

Die EU hat eine Website zur Einheitlichen Europäischen Eigenerklärung unter https://ec.europa.eu/growth/tools-databases/espd/ eingerichtet, auf der sie einen Dienst zum Ausfüllen und Wiederverwenden des Dokuments zur Verfügung stellt. Auf der Website wird die Einheitliche Europäische Eigenerklärung als standardisierte Eigenerklärung beschrieben, die von Unternehmen über ihre finanzielle Situation sowie über ihre Befähigung und Eignung zur Teilnahme an einem Vergabeverfahren abgegeben wird. Sie dient als vorläufiger Nachweis für die Erfüllung der jeweils festgelegten Bedingungen. Für die Bieter entfällt damit die Verpflichtung, umfangreiche Unterlagen oder Formulare beizubringen. Dadurch wird auch die Teilnahme an in anderen Mitgliedstaaten durchgeführten Ausschreibungen erheblich erleichtert. Das Online-Formular der Einheitlichen Europäischen Eigenerklärung kann ausgefüllt, gedruckt und anschließend der Vergabestelle zusammen mit den weiteren Teilen des Angebots übersendet werden. Die Einheitliche Europäische Eigenerklärung kann für elektronische Vergabeverfahren exportiert, gespeichert und elektronisch übermittelt werden.

Es ist derzeit noch unklar, inwieweit die Einheitliche Europäische Eigenerklärung die Erklärung und das Management von Eignungsanforderungen vereinfachen wird. Sinn und Zweck ist, dass Eignungsanforderungen zunächst vom Unternehmen im Vergabeverfahren bestätigt und erst nach dem Zuschlag mit entsprechenden Dokumenten belegt werden. Alle unterlegenen Bieter müssen daher keine Nachweise übermitteln. Das ist auch sinnvoll, da es ausreicht, wenn das den Zuschlag erhaltende Unternehmen die Eignungsanforderungen belegen muss.

Leider gibt es im Gesetzestext eine erhebliche Schwäche: Auch mit der Einheitlichen Europäischen Eigenerklärung kann der Auftraggeber nach § 50 Abs. 2 VgV jederzeit im Vergabeverfahren die Vorlage von Nachweisen verlangen. Die Bieter können sich also nicht sicher sein, ob sie trotz Einheitlicher Europäischer Eigenerklärung die Nachweise bereits vor dem Zuschlag übermitteln müssen. Zudem ist die Handhabung der Dokumente derzeit noch sehr umständlich. Wahrscheinlicher als ein Erfolg der Einheitlichen Europäischen Eigenerklärung ist, dass das Ausfüllen von Eignungsformularen zukünftig auf Basis vorausgefüllter Profildaten von E-Vergabe-Systeme oder kompatibler Bietersoftware übernommen wird.

Eine weitere Möglichkeit der vereinfachten Eignungserklärung ist die Präqualifikation. Es handelt sich dabei um gesetzlich mit besonderem Schutz versehene elektronische Datenbanken, die von Präqualifikationsvereinen betrieben werden. Darin kann die Eignung von Unternehmen vorab in einem Profil hinterlegt werden. Die öffentlichen Auftraggeber können dann die Eignung selbst durch Einsichtnahme in das Verzeichnis feststellen. Im Baubereich wird die Präqualifikation seit längerer Zeit umfangreich genutzt und steht unter https://www.pq-verein.de zur Verfügung. Auch im Dienstleistungsbereich ist mit http://www.pq-vol.de eine entsprechende Initiative verfügbar. Sie hat sich aber bisher nicht in der Breite durchsetzen können.

#### 2.3.3.3 Vergabeunterlagen prüfen

Ist anhand des Bekanntmachungstextes eine interessant klingende Ausschreibung gefunden und steht der Eignung des Unternehmens nichts im Wege, so sollten spätestens jetzt die Vergabeunterlagen beschafft und zunächst genauer geprüft werden. In den Vergabeunterlagen befinden sich die Leistungsbeschreibung und die Vertragsunterlagen, anhand derer es möglich ist, sich ein fachliches und rechtliches Bild von der Leistung zu machen.

Wichtig ist, dass möglicherweise aufkommende Zweifel über den Inhalt der Vergabeunterlagen umgehend ausgeräumt werden. Hierfür gibt es die Möglichkeit, Bieterfragen zu stellen. Mit der E-Vergabe können diese auf elektronischem Wege übermittelt werden. In aller Regel erfolgt dies durch das E-Vergabe-System. Gute E-Vergabe-Systeme benachrichtigen die Fragesteller automatisch, sobald eine Antwort des öffentlichen Auftraggebers zur Bieterfrage zur Verfügung steht.

Die Vergabeunterlagen von EU-weiten Ausschreibungen müssen nach der neuen Rechtslage frei und ohne weitere Kosten zur Verfügung stehen. Zwar befinden sich die Dokumente nicht auf der EU-Bekanntmachungsplattform TED, sollten aber per Link direkt von dort aus unmittelbar erreichbar sein. Anders ist es mit Vergabeunterlagen von Ausschreibungen unterhalb der EU-Schwellenwerte. Es gibt nach aktueller Rechtslage keine Verpflichtung der öffentlichen Auftraggeber, die Dokumente zum Download zur Verfügung zu stellen. In aller Regel müssen die Vergabeunterlagen daher bei der jeweiligen Vergabestelle angefordert werden. Hier kann von den Bietern unter Umständen auch eine Kostenbeteiligung an den Vervielfältigungskosten verlangt werden.

Unter Umständen ist eine Prüfung der Vergabeunterlagen auf rechtliche Mängel empfehlenswert. Sämtliche in den Vergabeunterlagen bereits zu erkennende Mängel des Vergabeverfahrens müssen bis zum Ablauf der Angebotsfrist gerügt werden, wenn unternehmensseitig ein Interesse an der Teilnahme besteht. Letztlich ist die Entscheidung zu treffen, ob ein Angebot abgegeben werden soll.

#### 2.3.3.4 Angebot erstellen und versenden

Sind die Vergabeunterlagen daraufhin geprüft, ob sich das Unternehmen am Auftrag beteiligen kann und will, so folgt als nächster Schritt die Erstellung des Angebots.

Der Prozess der Angebotserstellung sollte möglichst frei von Medienbrüchen erfolgen. Dazu muss es ggf. entsprechende Absprachen mit Vorlieferanten oder Subunternehmen geben. Von Beginn an sollten dabei auch die technischen Anforderungen des öffentlichen Auftraggebers an das elektronische Format berücksichtigt werden. Seit geraumer Zeit werden im Baubereich die sogenannten GAEB-Dateien vom „Gemeinsamen Ausschuss Elektronik im Bauwesen" verwendet. Es handelt sich dabei um ein standardisiertes elektronisches Leistungsverzeichnis. Mit der Vergaberechtsreform hat dieses Prinzip auch für alle anderen Bereiche Einzug erhalten: Nach § 27 VgV kann der öffentliche Auftraggeber nunmehr die Abgabe des Angebots in Form eines elektronischen Katalogs fordern. Von dieser Möglichkeit muss der öffentliche Auftraggeber allerdings expliziten Gebrauch machen, indem er seine Absicht nach § 27 Abs. 2 VgV in der Bekanntmachung ankündigt.

Die für einen elektronischen Katalog zulässigen Dateiformate bestimmt der Auftraggeber. Er darf nach § 11 Abs. 1 VgV jedoch nur solche Formate wählen, die allgemein verfügbar, nicht diskriminierend und mit allgemein verbreiteten Geräten und Programmen der Informations- und Kommunikationstechnologie kompatibel sind. Unkritisch sind jedenfalls solche proprietären Formate, die eine weitreichende Verbreitung gefunden haben, so etwa das Excel-Dateiformat. Dieses ist aufgrund der frei verfügbaren Integration etwa in LibreOffice nicht als diskriminierend zu bewerten. Weniger aus rechtlichen, sondern aus technischen

Gründen, könnten hingegen Dateiformate wie etwa CSV (Comma Separated Values) problematisch sein. Hier gibt es vielerlei Möglichkeiten, wie die Daten dargestellt werden, z. B. getrennt mit Komma, Semikolon, TAB, mit oder ohne Anführungszeichen oder etwa im UTF-8-Zeichensatz statt Latin1. Es kann leicht passieren, dass beim öffentlichen Auftraggeber noch einige Arbeitsschritte an den Daten erforderlich sind, bis sie sich fehlerfrei importieren lassen. Sollte es zu Import-Fehlern kommen, so stellt sich unmittelbar die Frage, wem dies zuzurechnen ist. Es ist daher sorgfältig auf eine entsprechende Validierung der Datensätze nach den Vorgaben des öffentlichen Auftraggebers zu achten. Notfalls sollten hierzu Bieterfragen gestellt werden.

Eine weitere Herausforderung im Zusammenhang mit dem elektronischen Angebot ist der Moment der Abgabe. In aller Regel befinden sich die Angebotsdateien auf dem lokalen Rechner des Benutzers. Sofern eine Signatur zu verwenden ist, müssen diese Dateien ebenfalls lokal signiert werden. Im Unternehmen ist daran zu denken, dass sämtliche Mitarbeiter des zuständigen Teams auf die Dateien zugreifen können und entsprechenden Zugang zum E-Vergabe-System haben. Zumindest ist dies für den Fall erkrankter oder sich im Urlaub befindlicher Mitarbeiter sicherzustellen. Die Angebote mancher Ausschreibungen können etwa durch Bilder oder eingescannte Dateien ein großes Volumen einnehmen. Es ist darauf zu achten, dass die möglicherweise bestehenden Datenvolumenbegrenzungen des E-Vergabe-Systems eingehalten werden. So kann es sein, dass maximal 100 MB hochgeladen werden können. In aller Regel sollte dies ausreichen. Bei großen Projekten und möglicherweise schlecht komprimierten Grafiken kann diese Grenze jedoch schnell erreicht werden.

Weitere Beschränkungen können sich durch die Bandbreite des Internetzugangs ergeben. Unternehmen insbesondere aus dem ländlichen Raum mit eher geringen Bandbreiten sollten entsprechende Vorkehrungen treffen und das Angebot rechtzeitig hochladen.

### 2.3.4 Im Notfall: E-Vergabe-Support

Im laufenden Vergabeverfahren sind besonders solche Momente kritisch, in denen verpflichtend einzureichende Dokumente innerhalb einer bestimmten Frist im E-Vergabe-System hochzuladen sind. Sollte dies aus technischen Gründen nicht funktionieren, sollte nach Ausschluss etwaiger interner Gründe umgehend der Support des elektronischen Vergabeportals kontaktiert werden. Dabei ist auf die angebotenen Supportzeiten zu achten.

In einigen Fällen ist es auch möglich, sich durch den Support mit einer Fernwartungssoftware wie z. B. Teamviewer helfen zu lassen. So hilfreich diese Methode ist, so rechtlich bedenklich ist sie auch. Denn bei der Fernsteuerung besteht Zugriff bzw. zumindest Einsicht auf den Desktop des Rechners des Bieters. Möglicherweise könnten Details des noch abzugebenden Angebots einsehbar sein. Es ist insoweit dringend darauf zu achten, dass entsprechende Dokumente bei einer Unterstützung durch den Support des Auftraggebers via Fernwartung nicht im Hintergrund geöffnet sind.

Liegt tatsächlich eine Störung des E-Vergabe-Systems vor, die im Verantwortungsbereich des Auftraggebers zu vermuten ist, sollte umgehend eine Fristverlängerung für die Einreichung der benötigten Dokumente gefordert werden. Zu diesem Zweck sollten die auftretenden Fehler möglichst detailliert protokolliert (ggf. durch Screenshots) und durch Hinzuziehung eines Zeugen belegt werden.

## 2.4 XVergabe als Standard für E-Vergabe-Systeme

*Felix Zimmermann, Bitkom e. V.*

### 2.4.1 Das Projekt XVergabe

Das Projekt XVergabe hat sich zum Ziel gesetzt, eine entscheidende Schwäche der insbesondere durch Eigenständigkeit der jeweiligen öffentlichen Auftraggeber und Föderalismus geprägten Ausschreibungskultur in Deutschland auszugleichen. Ausgangspunkt ist nämlich, dass jeder öffentliche Auftraggeber für sich selbst beschafft. So hat in aller Regel jede Stadt und jedes Land ein eigenes Portal, auf dem die jeweiligen Ausschreibungen zu finden sind und auf dem in Zukunft auch die Vergaben elektronisch abgewickelt werden.

Unabhängig davon, ob im Hintergrund eine Standardlösung von einem der Anbieter für E-Vergabe-Systeme installiert ist, bedeutet dies eine unübersichtliche Vielzahl unterschiedlich realisierter Plattformen. Insbesondere überregional interessierte Bieter müssen sich auf vielen verschiedenen Systemen eigene Zugänge einrichten und in die unterschiedlich gestalteten Abläufe einfinden. Die zu Recht aufgestellte Befürchtung ist, dass Bieter durch den zu leistenden Aufwand abgeschreckt werden und der Wettbewerb infolgedessen aufgrund der mangelnden Akzeptanz leiden könnte.

XVergabe soll es möglich machen, dass Bieter zu den verschiedenen Vergabeplattformen der öffentlichen Hand einen einheitlichen Zugang bekommen. Dies kann mithilfe von sogenannten „Bietertools" in Form von Software erreicht werden. Derartige Programme benötigen einen einheitlichen Standard für den Zugriff auf die jeweiligen Datenbanken der Systeme. Hier setzt das Projekt XVergabe an, indem es einen plattformübergreifenden Daten- und Austauschprozessstandard definiert und zur Implementierung in Bietertools zur Verfügung stellt. Die Hoffnung ist, dass sich dadurch ein eigener Markt für plattformuniverselle Bietertools bildet.

Häufig wird fälschlicherweise angenommen, XVergabe sei eine Software für Bieter oder eine zentrale Vergabeplattform, in der Ausschreibungen gesammelt würden. XVergabe ist lediglich ein in XML formulierter Standard, der die Konnektivität und den Datenaustausch zwischen Bietertools und E-Vergabe-Systemen standardisiert. Zukünftige Entwicklungen bis hin zu standardisierten Formularen sind geplant. Insgesamt ist XVergabe abhängig davon, dass der Standard auch tatsächlich fehlerfrei implementiert und genutzt wird. Selbst kleine Inkompatibilitäten können einen Datenaustausch unmöglich machen.

Damit ein gemeinsamer XVergabe-Standard erfolgreich definiert und eingeführt werden kann, wurden von Beginn an die unterschiedlichen Interessen durch Einbindung der relevanten Stakeholder in einem XVergabe-Gremium unter Leitung des Beschaffungsamts des Bundesministeriums des Innern zusammengefasst. Dabei ist das Ziel, eine pragmatische Lösung mit konkreten technischen Vorgaben zu entwickeln, um eine höhere Interoperabilität schnell erreichen zu können. Das Projekt XVergabe ist im Internet unter http://www.xvergabe.org erreichbar.

### 2.4.2 XVergabe als Standard für E-Vergabe-Systeme

Nach § 10 Abs. 2 Vergabeverordnung (VgV) müssen

> die elektronischen Mittel, die von dem öffentlichen Auftraggeber für den Empfang von Angeboten, Teilnahmeanträgen und Interessensbestätigungen sowie von Plänen und Entwürfen für Planungswettbewerbe genutzt werden, über eine einheitliche Datenaustauschschnittstelle verfügen. Dabei sind die jeweils geltenden Interoperabilitäts- und Sicherheitsstandards der Informationstechnik gemäß § 3 Abs. 1 des Vertrags über die Errichtung des IT-Planungsrats und über die Grundlagen der Zusammenarbeit beim Einsatz der Informationstechnologie in den Verwaltungen von Bund und Ländern vom 1. April 2010 zu verwenden.

Der XVergabe-Standard wurde inzwischen vom IT-Planungsrat der Bundesrepublik Deutschland als Standard für E-Vergabe-Systeme zur Anwendung in Bund und Ländern empfohlen. In Zusammenschau mit § 10 Abs. 2 VgV muss XVergabe daher von allen E-Vergabe-Systemen implementiert werden. Genau genommen gilt die gesetzliche Pflicht allerdings ausschließlich für Ausschreibungsportale mit EU-weiten Vergaben.

Da sich die Pflicht aus § 10 Abs. 2 VgV unmittelbar an den öffentlichen Auftraggeber richtet, muss dieser dafür sorgen, dass er ein mit XVergabe kompatibles System einkauft oder ein vorhandenes System entsprechend erweitert.

Auf der Website https://standard.xvergabe.org stellt das Beschaffungsamt des Bundesministeriums des Innern einen kostenfreien Validierungsservice zur Verfügung. Dort kann technisch überprüft werden, ob alle Erfordernisse des XVergabe-Standards eingehalten worden sind. Öffentliche Auftraggeber sollten beim Einkauf von E-Vergabe-Systemen darauf achten, dass die Konformität mit XVergabe entsprechend nachgewiesen wird.

### 2.4.3 Standardisierungsprojekt auf europäischer Ebene

Vergleichbar mit dem Projekt XVergabe hat sich das EU-Projekt PEPPOL zum Ziel gesetzt, für Interoperabilität der E-Vergabe zu sorgen. PEPPOL hat jedoch einen EU-weiten Fokus und will E-Vergabe-Prozesse für die grenzüberschreitende Nutzung innerhalb der EU-Mitgliedsländer standardisieren. Dabei werden auch die Prozesse vor und nach der Vergabe, z. B. E-Invoicing (elektronische Rechnungsstellung), berücksichtigt.

Aktuelle Anforderungen, die von öffentlichen Auftraggebern zu beachten wären, ergeben sich daraus (bisher) nicht. Bei der Beschaffung von E-Vergabe-Systemen ist es nach Definition der Funktionalitäten (z. B. Übermittlung von Bekanntmachungen an die EU-Bekanntmachungsplattform) Sache des Anbieters, die entsprechenden Standards einzuhalten. Die Projekthomepage von PEPPOL ist unter http://www.peppol.eu erreichbar.

# 3 Marktüberblick E-Vergabe-Lösungen

Dieses Kapitel bietet einen ersten Marktüberblick über Lösungsanbieter von E-Vergabe-Systemen, die auf dem deutschen Markt aktuell verfügbar sind. Es handelt sich dabei ausschließlich um Anbieter, die grundlegende Technologien für entsprechende E-Vergabe-Anwendungen zur Verfügung stellen und standardisierte Produkte zur Durchführung elektronischer Ausschreibungen anbieten.

Darüber hinaus gibt es weitere Unternehmen, die auf Basis dieser Lösungen wiederum eigenständige Plattformen oder Portale unter eigenem Firmennamen betreiben. Diese kommen als Auftragnehmer für die Durchführung von elektronischen Ausschreibungen ebenso infrage. Zusätzlich gibt es eine Vielzahl von Anbietern, die dazu fähig sind, entsprechende Systeme individuell von Grund auf neu zu erstellen. Angesichts der Vielzahl und Anpassbarkeit verfügbarer Standardsysteme sollten Auftraggeber sorgfältig abwägen, ob der erwartete Nutzen den Aufwand einer neu zu programmierenden Individualsoftware rechtfertigt. So würde sich kein öffentlicher Auftraggeber heutzutage eine Office-Suite zur Textbearbeitung und Tabellenkalkulation programmieren lassen. Letztlich hängt es vom konkreten Bedarf des Auftraggebers ab, welchen Typ von Lösung er benötigt. Das entsprechende Leistungsbestimmungsrecht steht ihm jedenfalls zu.

Die hier aufgeführte Liste erhebt keinen Anspruch auf Vollständigkeit. Sie möchte und kann einen guten Überblick über das relevante Marktgeschehen bieten und damit auch Ausgangspunkt für weitere Marktanalysen sein. Erweiterungen oder Aktualisierungen dieser Aufstellung können im Rahmen einer Neuauflage berücksichtigt werden.



F. Zimmermann, *E-Vergabe – Praxishinweise und Marktüberblick*, essentials, DOI 10.1007/978-3-658-15525-4_3

## 3.1 Administration Intelligence AG

***Dr. Christian Schneider, Vorstand Administration Intelligence AG***

Administration Intelligence AG, Steinbachtal 2B, 97082 Würzburg, http://ai-ag.de.

### 3.1.1 Unternehmensprofil

Die Administration Intelligence AG (AI) bietet für den Beschaffungsbereich der öffentlichen Hand sowie für Sektorenauftraggeber ein breites Spektrum an Werkzeugen. Die modularen und auf moderner Internet- und Web-Technologie basierenden Lösungen lassen sich auf Wunsch des Kunden so anpassen und kombinieren, dass sämtliche Anforderungen erfüllt werden – angefangen von der einfachen, nicht-integrierten E-Vergabe-Lösung für die Vergabestelle in kleinen Kommunen bis hin zu integrierten Beschaffungslösungen mit Katalog- und ERP-Anbindung großer Institutionen. Dabei spielt es keine Rolle, ob die Nutzung einer etablierten E-Vergabe-Plattform oder eine eigenständige Lösung mit Zusatzfunktionen benötigt wird. Für Bieter wird ein kostenfreies und komfortables Werkzeug bereitgestellt, das die Kommunikation mit mehreren Plattformen unterstützt.

### 3.1.2 Leistungsspektrum

**E-Vergabe und Vergabemanagement**
Speziell im Bereich E-Vergabe/Vergabemanagement ist das Spektrum der Nutzungs-, Betriebs- und Integrationsszenarien sehr umfangreich. Die AI hat sich als internationaler Technologieanbieter zum Ziel gesetzt, die Anbindung möglichst vieler E-Vergabe-Plattformen sowie die unterschiedlichsten Einsatzszenarien zu unterstützen. Dabei stellen die auf AI-Technologie basierenden Lösungen grundsätzlich alle benötigten nationalen und EU-weit geforderten Standards, Verfahrensarten und Plattform-Anbindungen wie etwa

- bund.de,
- SIMAP und
- ggf. verpflichtende Landesplattformen wie dNRW oder HAD

medienbruchfrei im Vergabe-System zur Verfügung. Um dem Vergabestellen-Nutzer darüber hinaus den passenden Service, den gewünschten Funktionsumfang

(z. B. durch die Nutzung hinterlegter Vergabehandbücher wie KVHB, HBkom, VHB oder HVA-StB) und die notwendige Flexibilität zu bieten, sind die Lösungen der AI nicht nur bei der AI selbst, sondern über mehrere, teils spezialisierte Partner erhältlich.

**Von „kostengünstig und standardisiert" bis zu „integriert und individualisiert"**
Je nach Partner der AI bzw. Betreiber einer Lösung sind die möglichen Ausprägungen am Markt als hochstandardisierte und sehr günstige (teilweise sogar kostenlose) E-Vergabe-Plattformen verfügbar, bei der weder Software gekauft, noch selbst bereitgestellt werden muss.

Basierend auf der gleichen Technologieplattform können jedoch auch vom Kunden im eigenen Rechenzentrum selbst betriebene und in bestehende IT-Architekturen integrierte Beschaffungslösungen zusammengestellt werden, die durch individuelle Anpassungen und Ergänzungen genau auf die Anforderungen des Kunden ausgerichtet sind. Dabei endet die Individualisierung für den Nutzer nicht bei spezifischen Formularsätzen, Nutzer- und Rollenmodellen oder einer Anbindung an ein Archiv- oder Dokumentenmanagementsystem. Durch die praxiserprobten Schnittstellen können nahezu beliebige Fremdsystem sowie individuelle Ergänzungen eingebunden werden.

**Standardmodule**
Über das minimal Notwendige hinaus sind zahlreiche und komfortable Erweiterungen verfügbar, die bei Bedarf sofort zur Verfügung stehen. Diese Erweiterungen erleichtern die Abwicklung von Verfahren und ermöglichen die Konzentration auf das Wesentliche.

AI bietet eine flexible Unterstützung im Bereich Leistungsverzeichnisse an, die sich in einigen Bereichen der Verwaltung schon als de-facto-Standard etabliert hat und auch von anderen Anbietern unterstützt wird – regelmäßig ergänzt durch eine leistungsfähige und integrierte Wertungsunterstützung (verfahrensindividuelle Wertungsmatrix).

Ein integrierter Termin- und Fristenmanager bietet umfangreiche und verfahrensübergreifende Terminpläne – stets unter Berücksichtigung gesetzlich geforderter und verfahrensindividueller Fristen.

Arbeitsteilige Prozess- und Workflowmodelle werden revisionssicher bei der automatischen Vergabedokumentation berücksichtigt, sodass auch der Vergabevermerk einfach zu erstellen ist. Der Kunde wählt aus einer Modulliste, was er an Unterstützung benötigt.

**Projekt-Module und Standard-Schnittstellen**

Als weitere Ausbaustufe ist durch standardisierte Module und Schnittstellen die kostengünstige und erprobte Erweiterung eines einfachen E-Vergabe-Systems hin zu einem komfortableren Vergabemanagement möglich.

AI bietet für viele Integrationsszenarien standardisierte Schnittstellen z. B.:

- Bedarfsanforderungen aus einem ERP-System (SAP, ORACLE, MACH),
- Katalogbestellungen (KdB, SRM, AI EP), die z. B. einen Schwellenwert überschreiten, werden medienbruchfrei in eine Vergabe übertragen und am Ende einer Ausschreibung wieder in das Ursprungssystem rückübertragen,
- Anbindung an Archiv- oder Dokumenten Management Systeme,
- Arbeiten mit einer Anwendung, die Leistungsverzeichnisse im GAEB-Format bereitstellt.

**Kundenindividuelle Erweiterungen**

AI-Lösungen erlauben kostengünstige Erweiterungen, die auch unüblichen Anforderungen stabil und investitionssicher gerecht werden. Beispiele hierfür sind

- Anforderungen im Umfeld der Sozialversicherung,
- bei bewirtschaften von Fahrdienstleistungen (Krankenhausfahrten),
- bei bestehenden Rahmenverträgen die freien Kapazitäten der Handwerker erfahren,
- beim Auktionieren von Gefahrstoffen sowie hinsichtlich der Vertraulichkeit oder
- bei der Berücksichtigung einer spezielle Signatur Kundenkreis (Vergabestellen).

Nicht nur aufgrund der technischen Flexibilität, sondern auch durch die unterschiedlichen Partner und deren Serviceangebote, sind die Möglichkeiten mit AI-Lösungen sehr umfangreich. Mit AI-Lösungen sind die Kunden nicht auf einen einzigen Anbieter beschränkt. Bei Wartung und Pflege und auch bei Erweiterungen besteht keine Abhängigkeit von einem einzelnen Geschäftspartner.

**Das AI BIETERCOCKPIT 8**

Das AI BIETERCOCKPIT 8 ist ein kostenloses Werkzeug, mit dem Bieter zahlreiche Plattformen in einem einzigen Werkzeug anbinden können. Es unterstützt nicht nur die reine Plattformkommunikation in Form von Herunterladen der Vergabeunterlagen, Erstellen von Angeboten, Kommunikation mit der Vergabestelle sowie bei der ggf. notwendigen digitalen Signatur. Auch die Recherche über mehrere Plattformen ist vorgesehen.

### 3.1.3 Referenzen

Die Beispiele für implementierte Lösungen von AI reichen auf kommunaler Ebene von individuellen Lösungen der Städte Frankfurt oder Düsseldorf bis hin zu Metropollösungen der Region Rhein-Neckar.

Auf Ebene der Landesportale basieren z. B. die Lösungen in Hessen und Bremen auf der etablierten AI-Technologie. Im Bereich der Sozialversicherungsträger betreiben Institutionen wie die Barmer GEK sowie die Deutsche Rentenversicherung umfassende Vergabemanagementlösungen inkl. eigener Plattformen. Darüber hinaus finden sich „hinter" der E-Vergabe des Bundes zentrale Bundesbeschaffungsstellen wie beispielshaft das Beschaffungsamt des Bundesministeriums des Innern und die Bundeswehr, aber auch das Bundesministeriums der Finanzen, die ihre Verfahren mittels AI-Technologie durchführen.

Letztlich haben bereits einige Sektorenauftraggeber ihre Anforderungen mittels AI-Lösungen umgesetzt, sodass auch hier eine rechtskonforme Verfahrensabwicklung gewährleistet ist. Am Beispiel der Berliner Wasserbetriebe lässt sich gut erkennen, dass innovative Beschaffungslösungen mit Lieferanteninteraktion deutlich über die reine E-Vergabe hinausgehen können.

## 3.2 bi medien GmbH

*Friedeman Kühn, Leiter E-Vergabe bi medien GmbH*

bi medien GmbH, Faluner Weg 33, 24109 Kiel, http://bi-medien.de.

### 3.2.1 Unternehmensprofil

Die bi medien GmbH bietet eine Komplettlösung für die elektronische Auftragsvergabe mit E-Vergabe-System und Vergabeplattform an. Alle Komponenten für Vergabestelle und Bieter werden online auf www.bi-medien.de bereitgestellt und dort technisch und vergaberechtlich auf dem aktuellen Stand gehalten. Seit Mitte/ Ende der 90er Jahre haben sich System und Plattform in vielen Verwaltungen der öffentlichen Hand bewährt und sind als eine der führenden E-Vergabe-Lösungen im Markt anerkannt.

### 3.2.2 Leistungsspektrum

**bi-Vergabeplattform**

Die bundesweite bi-Vergabeplattform ist mit ca. 520.000 Vergaben pro Jahr eine der größten Ausschreibungsplattformen Deutschlands. Bieterfirmen informieren sich hier regelmäßig über aktuelle Vergabeprojekte. Über die Kooperation mit Vergabe24 – dem deutschlandweiten Verbund namhafter Ausschreibungsdienstleister – erreichen Auftraggeber insgesamt über 70.000 potenzielle Bewerber auf ihre Ausschreibungen.

**bi-eVergabeSystem**

Das bi-eVergabeSystem kann individuell und schrittweise nach Bedarf genutzt werden. Bekanntmachung, Vergabeunterlagen, Erzeugung einer Wertungsmatrix, Kommunikation mit Bietern, elektronische Angebotsabgabe und Submission – bis hin zur Zuschlagserteilung ist der komplette Workflow inklusive Nachtragsmanagement und Wertungsphase abgebildet. Mit Erstellung des Vergabevermerks und Erzeugung und Versand von Informations-, Absage- und Auftragsschreiben wird der Verfahrensablauf komplettiert. Eine Vergabeakte liefert den aktuellen Verfahrensstand mit allen Informationen und Dokumenten.

Für den Zugang zur E-Vergabe genügen für jeden Nutzer ein aktueller Internetbrowser und eine gültige E-Mail-Adresse. Zum digitalen Unterschreiben eines Angebots benötigt der Bieter eine fortgeschrittene oder qualifizierte Signatur. Auch das Mantelbogenverfahren kann genutzt werden.

Zur Ausschreibungsbekanntmachung stellt das bi-eVergabeSystem neben Schnittstellen zu TED/SIMAP EU und bund.de auch Weiterleitungsfunktionen zur Übermittlung an beliebige Ausschreibungsmedien zur Verfügung.

Über die Weiterleitungsfunktionen kann aus dem System heraus eine Bekanntmachung auch an interne IT-Bereiche gesendet werden. So ist eine Übersicht der aktuellen Ausschreibungen auf der eigenen Website möglich.

Alternativ kann auch über eine „White Label"-Lösung per angepasster Webseite oder Code-Snippets eine automatisierte Auflistung aller eigenen Ausschreibungen auf einer speziellen Seite mit täglicher Aktualisierung erfolgen. Interessenten können dann direkt auf die Informationen zugreifen und an Verfahren teilnehmen. Diese Funktionen können schrittweise mit dem Auftraggeber realisiert werden.

**XVergabe**

Um die Bieterakzeptanz zu verbessern, setzt bi medien auf XVergabe, die bundeseinheitliche Kommunikationsschnittstelle für die E-Vergabe. Seit 2007 arbeitet bi medien in der XVergabe-Arbeitsgruppe unter Leitung des Beschaffungsamtes des

Bundesministeriums des Innern an der Entwicklung des XVergabe-Standards mit. Nach Etablierung der Prüfinstanz zum Nachweis der XVergabe-Konformität wird die XVergabe-Schnittstelle im bi eVergabeSystem eingesetzt. Auch ein XVergabe Bieterclient wird dann von bi auf den Markt gebracht.

**Beliebig viele Nutzer**

Die Verwaltung eines zentralen oder mehrerer dezentraler Hauptmandanten im System erfolgt durch die Verwaltung selbst mit dem Rollen- und Rechtemanagement. So kann durch den Administrator und Hauptansprechpartner die Organisationsstruktur und Rechtevergabe gezielt gesteuert werden. Auch das Delegieren von weiteren Mandanten an einzelne externe Standorte kann individuell geregelt werden.

Die Nutzung des Systems und der Plattform erfolgt mandantenbezogen über jeweilige Hauptbenutzer, die als Administrator wiederum beliebig viele eigene Unternutzer mit individuellen Rechten ausstatten können – interne und externe Mitarbeiter können so flexibel in Projekte eingebunden werden. Auch verwaltungsübergreifende Projekte sind jederzeit möglich.

**Sicherheit**

Mit einem hochsicheren Verschlüsselungskonzept und umfangreichen Datenschutz- und Sicherheitsmaßnahmen bietet sich hier ein sehr sicheres und revisionssicheres System.

Vertrauliche interne Informationen wie etwa Haushaltsentscheidungen werden vom System nicht abgefragt und auch nicht auf der Onlineplattform gespeichert. Nur die verfahrensbezogenen Informationen, die als Vergabeunterlagen sowieso zur Verfügung gestellt werden sollen, werden im gesicherten Rechenzentrum des Landes Mecklenburg-Vorpommern gehostet, ISO 27001-zertifiziert, BSI-grundschutzkonform.

Sämtliche Angebotsdaten werden noch im PC des Bieters verschlüsselt und erst dann ins Rechenzentrum übertragen. Zum Zeitpunkt der Submission kann der berechtigte Submissionsmitarbeiter nach Ablauf des Zeitschlosses und nach Anmeldung eines zweiten submissionsberechtigten Mitarbeiters (4-Augen-Prinzip) die verschlüsselten Angebote von der Plattform herunterladen. Die Entschlüsselung und mehrstufige Prüfung und Wertung der Angebote erfolgt lokal in den IT-Systemen der Vergabestelle.

**Kosten**
Software und Plattform werden für Auftraggeber und Bieter online bereitgestellt, ein Erwerb von Lizenzen oder Installationen auf Vergabestellen- oder Bieterseite ist nicht erforderlich (ASP-Lösung/Cloud/SaaS).

Nach Absprache steht Bietern der Zugang zu Vergabeunterlagen und Teilnahme am Verfahren kostenlos zur Verfügung. Mit dem Auftraggeber wird je nach Anzahl der jährlichen Verfahren eine individuelle Nutzungspauschale vereinbart.

### 3.2.3 Referenzen

Die bi-AusschreibungsDienste bietet mit dem bi-eVergabeSystem großen und kleinen Vergabestellen eine Lösung, um einfach und effizient die Ausschreibungen elektronisch durchführen zu können.

Kommunen wie die Hansestadt Stade, Stadt Wildeshausen, Gemeinde Ganderkeese oder die Region Hannover wickeln seit Jahren Ihre Vergaben erfolgreich hiermit ab.

Auch Landkreise, wie die Landkreise Ammerland, Friesland oder Hameln-Pyrmont, haben sich für das bi-eVergabeSystem entschieden. Jedoch nicht nur für die eigene Verwaltung, sondern für alle Kreisangehörigen Kommunen und kommunalen Eigenbetriebe. In dieser sogenannten Kreislösung besteht die Möglichkeit mit eigenen Zugängen die Vergaben selbstständig abzuwickeln.

Auch Hochschulen, wie die Hochschule Osnabrück, Medizinische Hochschule Hannover und die Universität Rostock, Krankenhäuser, wie FEK Friedrich-Ebert-Krankenhaus Neumünster oder das Krankenhaus Buchholz-Winsen, und Verkehrsunternehmen, wie üstra Hannoversche Verkehrsbetriebe AG, führen ihre Vergaben, ob Einkauf und aus dem Baubereich, rechtskonform über das bi-eVergabeSystem durch.

## 3.3 cosinex GmbH

***Carsten Klipstein, Geschäftsführer cosinex GmbH***

cosinex GmbH, Konrad-Zuse-Str. 10, 44801 Bochum, http://cosinex.de.

### 3.3.1 Unternehmensprofil

Die cosinex ist einer der Pioniere im Bereich der E-Vergabe und kann als Lösungsanbieter auf dem Gebiet des Öffentlichen Auftragswesens auf inzwischen über 15 Jahre Erfahrung zurückblicken. Als Partner der Öffentlichen Hand bei der Verwaltungsmodernisierung bietet cosinex Lösungen zur elektronischen Unterstützung des Öffentlichen Vergabe- und Beschaffungswesens.

Darüber hinaus realisiert cosinex mit ihren Tochtergesellschaften und Beteiligungen im Rahmen der csx Unternehmensgruppe im Kompetenzdreieck zwischen IT, Verwaltung und Recht moderne und innovative IT-Projekte und Softwarelösungen für die Öffentliche Verwaltung. Im Bereich des Öffentlichen Auftragswesens (Public E-Procurement) sowie insbesondere der E-Vergabe bietet cosinex eine umfassende Produktsuite zur Unterstützung der internen Prozesse sowie der Kommunikation und Transaktion. Die Produktsuite besteht aus einem modularen Lösungsangebot zur Unterstützung der wesentlichen Prozesse.

### 3.3.2 Leistungsspektrum

Die Anforderungen an die E-Vergabe sind so unterschiedlich wie die Vergabestellen selbst: Der flexible und modulare Ansatz der cosinex Software ermöglicht es, die unterschiedlichen Anforderungen der öffentlichen Auftraggeber an die abzubildenden Strukturen und Prozesse, Integrationsszenarien in Drittsysteme oder Betreibermodelle genau anzupassen und jedem öffentlichen Auftraggeber so „seine“ E-Vergabe-Lösung nach Maß anzubieten:

- Modular – die richtigen Module für die bestehenden Anforderungen
- Anpassbar – umfassende Möglichkeiten zur Konfiguration und Ausprägung an die eigenen Anforderungen
- Flexibel – je Modul kann aus den für die Vergabestelle wirtschaftlichen Betreibermodellen gewählt werden

Die Kernmodule Vergabemarktplatz (VMP), Vergabemanagementsystem (VMS) und Vergabekatalog (VKA) können sowohl einzeln als auch integriert eingesetzt werden: je nachdem, ob eine Vergabestelle die elektronische Kommunikation mit den Bietern unterstützen möchte (VMP), ob die internen Vergabeprozesse und -dokumentation bzw. das Führen einer elektronischen Vergabeakte im Mittelpunkt steht oder Rahmenverträge elektronisch unterstützt bewirtschaftet werden sollen.

Jeder Auftraggeber kann die einzelnen Teilprozesse getrennt oder integriert elektronisch unterstützen und wählt die für ihn vordringlichen Module aus. Die eingesetzten Module bzw. Produkte können später um weitere Module ergänzt werden, sodass auch eine sukzessive Einführung unterstützt wird.

Insbesondere die internen Vergabeprozesse einer Vergabestelle sind individuell und hängen von der internen Aufbau- und Ablauforganisation ab. Das Vergabemanagementsystem wird mithilfe einer XML-basierten Konfigurationsmöglichkeit an die internen Abläufe der Vergabestelle angepasst: Von Rechten und Rollen, über Genehmigungskonfigurationen bis hin zu Vorlagen, Fristen oder Wertegrenzen usw.

Darüber hinaus bietet cosinex aktuell zwei kostenfreie Dienste an, um Vergabestellen bei der Durchführung von Vergabeverfahren zu unterstützen: unter http://fristenrechner.de wird der neue kostenfreie Dienst für Vergabestellen zur Berechnung der Fristen nach Maßgabe der (neuen) deutschen vergaberechtlichen Vorgaben angeboten. Der Dienst bietet unterschiedliche Möglichkeiten zur Ermittlung der wichtigsten Fristen und Terminketten im Vergabeverfahren auch unter Berücksichtigung der gesetzlichen Ausnahmetatbestände sowie einer Export-Möglichkeit der Ergebnisse. Unter http://cpvcode.de stellt cosinex eine Suchmaschine zur Verfügung, die eine gezielte Suche nach geeigneten CPV-Codes erleichtert.

**Vergabemarktplatz (VMP)**

Der cosinex Vergabemarktplatz ist eines der drei Kernmodule der cosinex im Bereich der Unterstützung des öffentlichen Einkaufs. Er ist eine technische Basis zur Realisierung von E-Vergabeplattformen. Referenzinstallationen sind u. a. die Vergabeplattformen der Landesregierungen Nordrhein-Westfalen (vergabe.NRW), Rheinland Pfalz oder Brandenburg. Darüber hinaus setzen auch Regionen wie die Wirtschaftsregion Aachen oder die Stadt Köln auf die technische Basis zum Aufbau eigener Vergabeplattformen.

Für alle Vergabestellen, die vom Aufbau einer eigenen Vergabeplattform absehen möchten, bietet das Deutsche Vergabeportal (DTVP) eine einfache und transparente Möglichkeit, eine intuitive E-Vergabeplattform mit über 120 Funktionen für Vergabestellen auf Basis des cosinex Vergabemarktplatzes zu nutzen. Darüber hinaus ist mit DTVP die Realisierung einer besonderen IT-Architektur möglich: Anschluss einer eigenständigen Vergabeplattform (eigner Satellit) an die überregionale Plattform wie z. B. im Fall der E-Vergabeplattform des Landes Niedersachsen (vergabe.Niedersachen) oder der deutschen Industrie- und Handelskammern (vergabe.ihk).

**Vergabemanagementsystem (VMS)**
Das cosinex Vergabemanagementsystem ist ein weiteres Kernmodul. Es begleitet und strukturiert den Vergabeprozess nach den Vorgaben der Vergabestelle. Es ermöglicht die elektronische Abwicklung des Vergabeprozesses von der Bedarfsermittlung bis zur Zuschlagserteilung auf der Grundlage einer elektronischen Vergabeakte (E-Vergabeakte).

Das Vergabemanagementsystem wird in unterschiedlichen Editionen als Lizenz- sowie als Cloud-Lösung angeboten und ist, wie auch alle anderen Module, vollständig webbasiert nutzbar.

**Vergabekatalog (VKA)**
Der cosinex Vergabekatalog (VKA) unterstützt Organisationen, die im Rahmen ihres Einkaufs ganz oder teilweise an die Vorschriften des deutschen Vergaberechts gebunden sind, bei der Abwicklung von Rahmenverträgen und im Zusammenhang mit der Beschaffung von C-Artikeln.

Mit der Trennung der Kernfunktionen in unterschiedliche Produkte, der Modularität der Software selbst, individuellen Konfigurationen und Anpassungen sowie unterschiedlichen Betreibermodellen bietet cosinex einen Baukasten, mit dem auf Basis wirtschaftlicher Standardprodukten die individuellen Anforderungen der unterschiedlichen Vergabestellen abgebildet werden können.

### 3.3.3 Referenzen

Im Bereich des Öffentlichen Auftragswesens kommen cosinex Produkte bundesweit bei über 15.000 Nutzern in rund 2000 Vergabe- und Beschaffungsstellen zum Einsatz. Über 100.000 Unternehmen (Bieter) nutzen heute bereits E-Vergabeplattformen auf Basis der cosinex Technologie.

Referenzen (Auszug): Land Nordrhein-Westfalen (vergabe.NRW), Land Brandenburg, Land Rheinland-Pfalz, Thüringer Landesrechenzentrum (TLRZ), Heeresinstandsetzungslogistik (HIL), Wirtschaftsregion Aachen, Stadt Köln, Stadt Bonn, Stadt Essen, Stadt Cottbus, Landkreis Gießen, Kreis Mettmann, Stadt Monheim, Gemeinde Neuenhagen bei Berlin, Verwaltungsberufsgenossenschaft (VGB), Innungskrankenkasse (IKK) Nord, AOK Rheinland/Hamburg, Uniklinik Köln, Uniklinik Münster u. v. m.

## 3.4 Healy Hudson GmbH

*Daniel Zielke, Healy Hudson GmbH*

Healy Hudson GmbH, Wilhelmstraße 20–22, 65185 Wiesbaden, http://www.deutsche-evergabe.de

### 3.4.1 Unternehmensprofil

Die Healy Hudson GmbH ist eine der führenden Software- und Dienstleistungsanbieter im Bereich der elektronischen Vergabe in Deutschland. Ihre Expertise reicht bis in das Jahr 1998 zurück.

Mit der Marke „Deutsche eVergabe" bietet Healy Hudson ein webbasiertes, standardisiertes Bekanntmachungs- und Vergabeportal für öffentliche Auftraggeber und interessierte Bieter an. Ziel der Healy Hudson GmbH ist es, das Ausschreibungswesen in Deutschland zu vereinfachen und zu verbessern. Neben dem Bekanntmachungs- und Vergabeportal komplettiert das Vergabemanagementsystem inklusive Workflow das Produktangebot.

Der Mutterkonzern, die Healy Hudson Holding AG, vereint die Healy Hudson GmbH mit dem Produkt Deutsche eVergabe sowie die Tochtergesellschaft veenion GmbH mit den Produkten „open ordering" und „impact ordering" unter einem Dach. Die veenion GmbH ist sowohl führender Entwickler als auch Anbieter für innovative Beschaffungs- und Handelsplattformen. Die E-Procurement-Produkte der veenion GmbH binden die komplette Wertschöpfungskette ein: von der Katalogbeschaffung über elektronisch absetzbare Bestellungen bis hin zum Einkaufs-Controlling und Rechnungswesen. Die Lösungen der Healy Hudson GmbH und der veenion GmbH sind miteinander kompatibel.

### 3.4.2 Leistungsspektrum

**Vergabeportal**

Das Bekanntmachungs- und Vergabeportal der Deutschen eVergabe ist komplett webbasiert. Bieter und Vergabestelle können das Portal mit einem internetfähigen Endgerät nutzen, ohne dass zusätzliche Software installiert werden muss.

Vom Erfassen der Bekanntmachung bis hin zur Zuschlagserteilung kann jeder öffentliche Aufraggeber seine Vergabeverfahren mithilfe des Vergabeportals mit beliebig vielen hinterlegten Mitarbeitern durchführen. Alle Vergabe- und Vertragsordnungen werden dabei abgebildet, ebenso alle Verfahrensarten. Zusätzlich bietet die Deutsche eVergabe mit der „Preisanfrage" einen Modus, den Markt zu erkunden und Verfahren ohne Anwendung der Vergabeordnung abzubilden, wohl aber unter Berücksichtigung der relevanten haushalterischen Grundsätze. Bieter können kostenfrei nach Ausschreibungen suchen, die Bekanntmachungstexte lesen, die Vergabeunterlagen herunterladen und am Vergabeverfahren teilnehmen. Ein Suchassistent sowie zahlreiche Suchfilter erleichtern die Suche nach passenden Verfahren.

**Vergabemanagement-System**
Mit dem Vergabemanagement-System der Deutschen eVergabe erhalten öffentliche Auftraggeber zusätzliche Funktionen zum Vergabeportal.

Ein Workflow führt durch alle Verfahrensschritte, Plausibilitätsprüfungen verhindern Fehleingaben. Die Lösung bindet alle Stellen in den elektronischen Vergabeprozess ein:

- Vorteil
  - einfache und kostenfreie Registrierung
  - kein Aufwand für Implementierung
  - „kurze Wege"
  - direkte Kommunikation
  - automatische Dokumentation
- Nutzen für Vergabestellen
  - Publikation der Bekanntmachung
  - durch die elektronische Bereitstellung der Vergabeunterlagen entfällt der Versand
  - teilnehmende Bieter, alle Verfahrensschritte und alle Nachrichten werden automatisch dokumentiert
  - Rollen und Rechte der Mitarbeiter können individuell zugeteilt werden
  - die Anforderungen der EU-Vergaberichtlinie an die elektronische Abwicklung werden erfüllt
- Nutzen für Bieter
  - Recherche ohne Registrierung
  - einfache und kostenfreie Registrierung
  - automatische Benachrichtigung bei passenden Ausschreibungen
  - direkter Zugriff auf die Vergabeunterlagen
  - dokumentierte Kommunikation mit der Vergabestelle
  - sichere Angebotserstellung mit weniger Zeitdruck durch Wegfall durch Postlaufzeiten

### 3.4.3 Referenzen

Landkreise (Auszug): Osterholz, Rotenburg (Wümme), Peine, Gütersloh, Paderborn, Rhein-Pfalz-Kreis, Breisgau-Hochschwarzwald, Nürnberger Land, Neustadt an der Waldnaab, Erding.

Städte und Gemeinden (Auszug): Wismar, Rostock, Oldenburg, Braunschweig, Gütersloh, Paderborn, Solingen, Trier, Nürnberg, Freiburg; Ritterhude, Rietberg, Verbandsgemeinde Daun, Lauf a. d. Pegnitz.

Sonstige (Auszug): Deutsche Bahn, Fraunhofer Gesellschaft, Aulinger Rechtsanwälte, HFK Rechtsanwälte, EKK eG, Comparatio, Vattenfall, Kassenärztliche Bundesvereinigung.

Die Vergabesoftware wurde in der Vergangenheit bereits mit zahlreichen Preisen, wie beispielsweise dem „Good Practice Label der EU-Kommission" oder dem „Innovationspreis des Bundesverbandes Materialwirtschaft, Einkauf und Logistik (BME) und des Bundesministeriums für Wirtschaft und Technologie (BMWi)" ausgezeichnet. Sowohl das Vergabeportal als auch das Vergabemanagement-System bieten die Möglichkeit, mit mehreren Mitarbeitern eines Hauses gemeinsam an Ausschreibungen zu arbeiten.

## 3.5 subreport Verlag Schawe GmbH

*Edda Peters, Geschäftsführerin subreport Verlag Schawe GmbH*

subreport Verlag Schawe GmbH, Buchforststraße 1–15, 51101 Köln, http://subreport.de.

### 3.5.1 Unternehmensprofil

2001 führte die Landeshauptstadt Mainz als erste Kommune Europas eine elektronische Vergabe durch. Bis heute arbeitet man dort mit subreport ELViS. Damit ist diese Lösung das am längsten am Markt befindliche E-Vergabe-System – und seitdem bei weit über 1000 Auftraggebern und mehreren zehntausend Unternehmen erfolgreich im Einsatz. subreport selbst, gegründet 1918, steht für fast 100 Jahre Erfahrung, Kompetenz und Reputation auf den Gebieten Auftrag und Vergabe und zählt u. a. zu den „TOP 100", den hundert innovativsten Unternehmen des deutschen Mittelstands.

### 3.5.2 Leistungsspektrum

2014 wurde subreport ELViS von Grund auf neu konzipiert. Entwickelt wird mit Scrum, einer Methode der agilen Softwareentwicklung. Zu ihren Charakteristika zählen: einfache Regeln, Pragmatismus statt Dogmatik, iteratives Vorgehen, Selbstorganisation und Eigenverantwortung in interdisziplinären Teams, Konzentration auf hochqualitative Arbeit statt Papierflut.

Flankiert wird dieser Ansatz bei subreport durch eine enge inhaltliche Abstimmung aller Entwicklungsschritte mit dem subreport-Beirat eVergabe. Der Beirat vertritt die Interessen und Sichtweisen von Auftraggebern und Unternehmen gleichermaßen und ist damit Garant für praxisorientierte Lösungen.

**Plattformkonzept**
Die Lösung besteht aus der zentralen E-Vergabe-Plattform subreport ELViS und vier optional dazu buchbaren Modulen eines erweiterten Vergabemanagementsystems. subreport ELViS bietet die vergaberechtskonforme und workflowgestützte Abbildung aller Vergabeverfahren national und europaweit nach VOL, VOB, VOF, SektVO sowie Beitrittsverfahren nach § 127 Abs. 2 SGB V. subreport ELViS verfügt über ein umfassendes Rechte- und Rollenkonzept, intelligente Formulare und eine revisionssichere Vergabeakte, ist mandantenfähig und dateiformatunabhängig. Für die Akzeptanz ist entscheidend, dass subreport ELViS ist auch für Ungeübte einfach und intuitiv zu bedienen ist.

Die Module des Vergabemanagements (Projektmanagement, Formularmanagement, Bietermanagement und Angebotsauswertung) werden ebenfalls als Software as a Service (SaaS) angeboten und sukzessive bis zum dritten Quartal 2016 zur Verfügung gestellt. Eine neutrale Analyse der IT-Akademie der Stadt Mainz beweist, dass die Stadt Mainz seit 2004 fast 2,5 Mio. EUR durch elektronische Vergabeverfahren gespart hat.

**Betriebskonzept**
subreport ELViS wird als Software as a Service (SaaS) angeboten. SaaS ist der Gegenentwurf zu klassischen Lizenzmodellen und basiert auf dem Grundsatz, dass Infrastruktur und Software vom Kunden als Service genutzt werden. Betrieben wird subreport ELViS in einem BSI-zertifizierten Rechenzentrum in Düsseldorf. Gemeinsam mit dem Rechenzentrum übernimmt subreport die komplette Administration der Lösung und zentrale Dienstleistungen wie Hosting, Betrieb und Updates. Vorteile sind: keine komplexe und langwierige Softwareinstallation, transparente und geringe IT-Kosten, schnelle Einsatzfähigkeit, kein

Investitionsaufwand, ständige Aktualität im Hinblick auf vergaberechtliche Neuerungen bzw. Updates. Für die Nutzung wird lediglich ein internetfähiger Standard-PC und eine digitale Signatur benötigt.

**Implementierung**
Es gibt bei subreport ELViS keine langen Vorlaufzeiten durch Anpassungsprogrammierungen oder aufwendige Schulungen und der Auftraggeber kann zeitnah mit dem System arbeiten. Es ist selbsterklärend und nah am Papierverfahren ausgerichtet. subreport unterstützt bei der Beschaffung digitaler Signaturen und begleitet auch auf dem kostenfreien Demosystem bei der Durchführung von Testausschreibungen.

**Support**
subreport bietet bundesweit kompetenten und professionellen Support. Hierzu stehen 13 fachlich versierte und erfahrene Mitarbeiter zur Verfügung. Sie verfügen über detaillierte Kenntnisse der Prozesse und Herausforderungen kleiner und großer Vergabestellen.

**Vernetzung**
subreport ist seit 2008 Mitglied des XVergabe-Gremiums und maßgeblich an der Spezifikation und Entwicklung der XVergabe-Schnittstellen beteiligt. Planmäßig hat subreport 2011 alle vier Meilensteine des Projektes XVergabe umgesetzt, in die E-Vergabe-Plattform implementiert und die Gesamttests der Schnittstelle erfolgreich bestanden.

subreport ELViS besitzt darüber hinaus Schnittstellen zur Lieferantensuche und zum Auftraggeber-Forum der Schwesterplattform subreport CAMPUS. Über die Lieferantensuche hat der Auftraggeber Zugriff auf eine umfangreiche Datenbank mit über 70.000 qualifizierten Unternehmen innerhalb von subreport CAMPUS. Die Daten der ausgewählten Firmen können direkt in subreport ELViS – z. B. für beschränkte Ausschreibungen – übernommen werden. Mit dem Auftraggeber-Forum in subreport CAMPUS wiederum haben Auftraggeber Zugang auf geballtes Expertenwissen, das ihnen bei der fachgerechten Aufbereitung von Vergabeunterlagen hilft. Ihnen steht ein umfassendes Archiv mit zehntausenden von Ausschreibungen zur Verfügung und eine Suchmaschine, mit der schnell relevante Beschaffungen gefunden werden können. Mit dem Werkzeug XVergabe de Luxe hat subreport eine Multiplattform-Bieterclient-Anwendung entwickelt, die bereits heute Schnittstellen zu vielen anderen E-Vergabe-Plattformen bietet.

### 3.5.3 Referenzen

Zu den Auftraggebern, die sich für subreport ELViS als E-Vergabe-Lösung entschieden haben, zählen u. a. große und kleine Kommunen, wie die Städte Regen, Karlsruhe, Dülmen oder Wassertrüdingen. Landkreise wie Darmstadt-Dieburg, Osnabrück oder Rosenheim. Verbandsgemeindewerke wie Montabaur, Nassau oder Edenkoben. Sektorenauftraggeber wie der Flughafen Köln/Bonn. Mitgliedsunternehmen des spurwerk.NRW wie die Kölner Verkehrs-Betriebe AG, die Rheinbahn AG in Düsseldorf oder die BOGESTRA AG in Bochum. Entsorger wie die Stadtentwässerungsbetriebe Köln AöR oder der Zweckverband zur Abwasserbeseitigung im Raume Kelheim. Mitglieder der Helmholtz-Gemeinschaft Deutscher Forschungszentren wie das Deutsche Zentrum für Luft- und Raumfahrt e. V. (DLR) in Köln oder das Forschungszentrum Jülich GmbH u. v. a. m.

## 3.6 Vortal Connecting Business DE GmbH

***Dieter Jagodzinska, Area Manager Vortal Connecting Business DE GmbH***

Vortal Connecting Business DE GmbH, Charlottenstr. 35/36 und Friedrichstr. 55a, 10117 Berlin, http://www.vortal.de

### 3.6.1 Unternehmensprofil

VORTAL wurde im Jahre 2000 als Aktiengesellschaft gegründet und hat seinen Hauptsitz in Portugal. Weitere Landesniederlassungen befinden sich in Deutschland (Berlin), Spanien, Großbritannien, Tschechische Republik und in Kolumbien. Die Mehrzahl der 220 Mitarbeiter ist nach ITIL zertifiziert. VORTAL ist Gründungsmitglied der „European Association of Public eTendering Platform Providers“ (euplat). Innerhalb der Verbandsarbeit sitzt VORTAL der Arbeitsgruppe Interoperabilität vor und fördert die deutsche Initiative „XVergabe“ auf Kommissionsebene der EU. Das Projekt XVergabe selbst wird von der Niederlassung in Deutschland ebenfalls begleitet und VORTAL ist aktives Mitglied der Arbeitsgruppe. Zusätzlich sind verschiedene Mitarbeiter aktive Sprecher auf diversen nationalen und internationalen Fachveranstaltungen.

VORTAL ist ein führender internationaler Anbieter von E-Vergabe Lösungen, die europaweit von mehr als 3000 Vergabestellen und 120.000 Lieferanten aktiv genutzt wird. Über die VORTAL Vergabelösung wurden bisher Ausschreibungen und Zuschläge im Wert von über 25 Mrd. EUR, welche auf über 1,7 Mio. elektronischen Angeboten basieren, durchgeführt. In Portugal beträgt das Volumen der Auftragsvergaben, die über die Plattform von VORTAL erteilt wurden, ca. 3 % des BIP (ca. 4.7 Mrd. EUR). In Portugal selbst ist die Durchführung der öffentlichen Beschaffung auf elektronischem Wege vollumfänglich bereits seit 2009 gesetzlich vorgeschrieben. In diesem Markt hat VORTAL zwischenzeitlich einen Marktanteil von über 60 % erarbeitet.

### 3.6.2 Leistungsspektrum

VORTAL bietet mit der Plattform VORTALgov eine schnelle, sichere und rechtssichere cloudbasierte Vergabelösung als Software as a Service (SaaS). Die Plattform wurde für den deutschen Markt adaptiert und gewährt die rechtskonforme Durchführung elektronischer Vergaben über alle Verfahrensarten nach VOL, VOF, VOB und SektVO, national sowie EU-weit. Für die elektronische Durchführung von EU-Verfahren ist VORTAL TED eSender zertifiziert. Zusätzlich zu Deutsch ist die Anwendung auch in Englisch verfügbar. Der Support ist ebenfalls in Deutsch, Englisch, Portugiesisch und Spanisch verfügbar.

Die Plattform VORTALgov wurde von Anfang an so gestaltet, dass sie das „Peer-to-Peer"-Modell von Vergabestellen und Bietern unterstützt. Die Gesamtumgebung wurde so entwickelt, dass sie sich für Vergabestellen in allen Größenordnungen, mit den unterschiedlichsten Anforderungen eignet. Im Vordergrund steht in den Entwicklungszyklen die Benutzerfreundlichkeit für die Anwender der Vergabestellen und der Bieter. In der Entwicklung selbst setzt VORTAL auf moderne Microsoft-Technologien. VORTAL ist zertifizierter Gold Partner von Microsoft und hat damit den erforderlichen Zugang zu den Ressourcen von Microsoft.

VORTAL ist ISO/IEC 27001 zertifiziert. Das ISO/IEC 27001 Zertifikat umfasst die Informationssicherheit der Kunden- und VORTAL-daten und steht für die Gewährung von höchster Sicherheit in allen relevanten Bereichen und Prozessen des Unternehmens. Zusätzlich ist die VORTAL zertifiziert für das Management des Geschäftsfortbestandes (Business Continuity Management) nach ISO/IEC 22301, um die optimale Verfügbarkeit und Zuverlässigkeit für seine Kunden zu gewährleisten. Der weitere Zertifizierungsumfang umfasst die Zertifikate nach ISO/IEC 9001 für Qualitätsmanagement und ISO/IEC 20000 für IT Service Management.

Für die Weiterbildung im Bereich der E-Vergabe, auch im Kontext mit den EU-Richtlinien und den neuen EU-Direktiven, hat VORTAL bereits früh die „European VORTAL Academy" (eVA) aufgebaut. Unter der Leitung von Prof. Luis Valadares Tavares werden umfangreiche Dossiers und Weiterbildungen in Bezug auf die gesetzlichen Vorschriften, Marktentwicklungen und Tendenzen zur Verfügung gestellt.

### 3.6.3 Referenzen

Von Analystenseite wurde VORTAL im Jahr 2015 durch die Gartner Marktforschung gemeinsam mit insgesamt 14 internationalen Anbietern anhand von umfangreichen Parametern analysiert (2015 Magic Quadrant Strategic Sourcing Suites). Als Ergebnis dieser Marktstudie wurde VORTAL als eines der weltweit führenden Unternehmen in diesem Bereich ermittelt.

Im Jahre 2013 wurde VORTAL aufgrund der Preiswürdigkeit, Produktqualität- und Funktionalität, Unternehmensaufbau, Stabilität und Erfahrung als Teilnehmer einer internationalen Ausschreibung vom Staat Kolumbien bezuschlagt. Der erhaltene Auftrag umfasst die Lieferung, Installation und den Betrieb einer „on-premise" SaaS Vergabeplattform als Landeslösung für Kolumbien. Im Betrieb wird die Landeslösung von ca. 6500 Vergabestellen und über 100.000 Lieferanten genutzt.

In 2016 hat Vortal eine europaweite Ausschreibung der Wiener Zeitung Digitale Publikationen für sich gewinnen können und stellt nach Projektabschluss eine der wesentlichen Vergabeplattformen für den Markt Österreich über die Wiener Zeitung. Zusätzlich konnten in 2015 und 2016 die ersten Kunden für die Vergabelösung in Deutschland gewonnen werden.

# Was Sie aus diesem *essential* mitnehmen können

- Vorgehensweise bei der Einführung und Umsetzung der E-Vergabe
- Hinweise auf Chancen und Risiken bei der Einführung der E-Vergabe
- Kenntnis der Übergangs-Fristen für Beschaffungsstellen gemäß Vergabeverordnung (VgV)
- Einblick in die Besonderheiten unterschiedlicher E-Vergabe Lösungen



F. Zimmermann, *E-Vergabe – Praxishinweise und Marktüberblick*,
essentials, DOI 10.1007/978-3-658-15525-4

Printed in the United States
By Bookmasters